能源与电力分析年度报告系列

2020

中国节能节电分析报告

国网能源研究院有限公司　编著

中国电力出版社

CHINA ELECTRIC POWER PRESS

内 容 提 要

《中国节能节电分析报告》是能源与电力分析年度报告系列之一，主要对国家出台的节能节电相关政策法规及先进的节能节电技术措施进行系统梳理和分析，并测算重点行业和全社会节能节电成效，为准确把握我国节能减排形势、合理制定相关政策措施提供决策参考和依据。

本报告对我国 2019 年节能节电面临的新形势、出台的政策措施、先进的技术实践以及全社会节能节电成效进行深入分析和总结，并重点分析工业、建筑、交通运输等领域的经济运行情况、能源电力消费情况、能耗电耗指标变动情况及节能节电成效。

本报告具有综述性、实践性、趋势性、文献性等特点，内容涉及经济分析、能源电力分析、节能节电分析等不同专业，覆盖工业、交通、建筑等多个领域，适合节能服务公司、高校、科研机构、政府及投资机构从业者参考使用。

图书在版编目（CIP）数据

中国节能节电分析报告 . 2020/国网能源研究院有限公司编著 . —北京：中国电力出版社，2020.11
（能源与电力分析年度报告系列）
ISBN 978 - 7 - 5198 - 5152 - 1

I. ①中⋯　Ⅱ. ①国⋯　Ⅲ. ①节能—研究报告—中国—2020　②节电—研究报告—中国—2020　Ⅳ. ①TK01

中国版本图书馆 CIP 数据核字（2020）第 226106 号

出版发行：中国电力出版社
地　　　址：北京市东城区北京站西街 19 号（邮政编码 100005）
网　　　址：http：//www.cepp.sgcc.com.cn
责任编辑：刘汝青（010 - 63412382）　娄雪芳
责任校对：黄　蓓　朱丽芳
装帧设计：赵姗姗
责任印制：吴　迪

印　　　刷：北京瑞禾彩色印刷有限公司
版　　　次：2020 年 11 月第一版
印　　　次：2020 年 11 月北京第一次印刷
开　　　本：787 毫米×1092 毫米　16 开本
印　　　张：11.75
字　　　数：159 千字
印　　　数：0001—2000 册
定　　　价：88.00 元

前 言
PREFACE

2019 年，以习近平新时代中国特色社会主义思想为指导，我国能源电力实现了清洁低碳、安全高效发展，能源转型持续加速推进，节能节电工作成效再上新台阶。与此同时，我国的能效提升潜力依然巨大，能效产业发展前景广阔。因此，紧密跟踪全社会及重点行业节能节电工作进展，开展节能节电成效分析、政策与措施分析，可以为科研单位、节能服务行业、政府部门、投资机构等提供有价值的决策参考信息。

《中国节能节电分析报告》是国网能源研究院有限公司推出的"能源与电力分析年度报告系列"之一。自 2010 年以来，已经连续出版了 10 年。本报告主要分为概述、节能篇、节电篇和专题篇四部分。

概述综述了 2019 年我国节能节电工作的总体情况，包括节能节电成效、政策措施和节能节电新形势。

节能篇主要从我国能源消费情况及工业、建筑、交通运输等领域的节能工作进展等方面对全社会节能成效进行分析，共分 5 章。第 1 章介绍了 2019 年我国能源消费的主要特点；第 2 章分析了工业领域的节能情况，重点分析了黑色金属工业、有色金属工业、建材工业、石化和化学工业、电力工业的行业运行情况、能源消费特点、节能措施和节能成效；第 3 章分析了建筑领域的节能情况；第 4 章分析了交通运输领域中公路、铁路、水路、民航等细分领域的节能情况；第 5 章对我国全社会节能成效进行了全面分析。

节电篇主要从我国电力消费情况及工业、建筑、交通运输等领域的节电工作进展等方面对全社会节电成效进行分析，共分 5 章。第 1 章介绍了 2019 年我国电力消费的主要特点；第 2 章分析了工业重点领域的节电情况；第 3 章分析了建筑领域的节电情况；第 4 章分析了交通运输领域的节电情况；第 5 章对全社会节电成效进行了全面分析。

专题篇共设置 3 个专题。专题 1 研究分析了促进节能减排的碳排放权交易机制，专题 2 研究分析了数字技术对能效提升的作用，专题 3 研究了城市能效评价指标体系。

此外，本报告在附录中摘录了部分能源电力数据、节能减排政策、能效及能耗限额标准等。

本报告概述和全社会节能节电成效章节由贾跃龙主笔；能源消费、电力消费章节由张煜主笔；工业节能、节电章节由吴鹏、段金辉、徐朝、吴陈锐、贾跃龙主笔；建筑节能、节电章节由唐伟主笔；交通运输节能、节电章节由王成洁主笔；专题由马捷、谭清坤、张玉琢主笔；附录由贾跃龙、张玉琢主笔。全书由贾跃龙统稿，吴鹏校核。

中国钢铁工业协会、中国有色金属行业协会、中国石油和化工联合会、中国建筑材料联合会、国家发展和改革委员会能源研究所、中国建筑科学研究院有限公司、住房和城乡建设部科技与产业化中心、水电水利规划设计总院等单位的专家提供了部分基础材料和数据，并对报告内容给予了悉心指导。在此一并表示衷心感谢！

限于作者水平，虽然对书稿进行了反复研究推敲，但难免仍会存在疏漏与不足之处，恳请读者谅解并批评指正！

编著者

2020 年 11 月

目 录
CONTENTS

节 能 篇

节 电 篇

专 题 篇

概　　述

以习近平新时代中国特色社会主义思想为指导，2019 年我国能源电力实现了清洁低碳、安全高效发展，"绿水青山就是金山银山"理念得到深入贯彻，能源转型持续加速推进，节能节电工作成效再上新台阶，为美丽中国建设提供了更加坚实的基础。

（一）2019 年我国节能节电工作再上新台阶

全国单位 GDP 能耗保持了"十三五"期间持续下降的态势，单位 GDP 电耗由升转降。2019 年，全国单位 GDP 能耗为 0.55tce❶/万元（按 2015 年价格计算，下同），比上年降低 1.9%❷，全年实现节能量 0.97 亿 tce，相当于 2019年全国一次能源消费总量的 2.0%；全国单位 GDP 电耗为 813kW•h/万元，比上年降低 1.9%。

工业产品单位综合能耗普遍下降。2019 年，在国家大力推进节能减排工作的背景下，大多数制造业产品能耗持续下降。其中，电石、钢、纯碱、合成氨、平板玻璃的单位综合能耗分别比上年降低 2.2%、3.2%、2.7%、2.3%、1.6%。

工业领域成为最大的节能部门，建筑领域依然是最大的节电部门。与 2018年相比，2019 年全国工业、建筑、交通运输领域分别实现节能量 4582 万、3992 万、521 万 tce，分别占全社会节能量的 47.4%、41.3%、5.4%；建筑领域节电量最大，为 2578 亿 kW•h，工业和交通运输领域的节电量分别为 801 亿kW•h 和 0.13 亿 kW•h。

节能环保产业蓬勃发展。2019 年，节能服务产业规模保持了快速增长的态势，节能减排能力进一步增长。全年总产值为 5222 亿元❸，比上年增长 9.4%；全国从事节能服务的企业 6547 家，比上年增长 108 家，行业从业人员 76.1 万人，比上年增加 3.2 万人。合同能源管理项目形成年节能能力 3801 万 tce，形

---

❶ tce 为吨标准煤当量，下同。
❷ 根据《中国统计年鉴 2020》公布的 GDP 和能源消费数据测算，为 2015 年可比价结果。
❸ 节能服务产业数据来源于《2019 节能服务产业发展报告》。

成年减排二氧化碳能力 1.03 亿 t；合同能源管理投资达 1141 亿元，单位节能量投资成本比上年略有升高，为 3002 元/tce。

（二）多维度能效提升政策为节能节电提供有力支撑

充分发挥信息通信技术作用促进工业能效管理实现数字化、智能化和精细化。当前我国工业领域的能效提升潜力巨大，但尚未充分发挥"大云物移智"等新兴技术的重要作用。2019 年，工业和信息化部等相关部委出台了《关于印发"5G＋工业互联网"512 工程推进方案的通知》《2020 年工业节能监察重点工作计划》《国家工业节能技术装备推荐目录（2019）》等政策措施，从推进工业节能的信息化建设、强化对重点用能企业的监管以及及时更新升级装备设施等方面，有力促进了信息通信技术在工业节能领域的推广应用，有效提升了工业能效管理的数字化、智能化与精细化水平。

针对数据中心等新兴重点用能领域，及时制定专项能效提升政策，积极促进其节能节电。2019 年 2 月，工业和信息化部、国家机关事务管理局、国家能源局联合发布了《关于加强绿色数据中心建设的指导意见》，明确了提升新建数据中心绿色发展水平、加强在用数据中心绿色运维和改造、加快绿色技术产品创新推广、提升绿色支撑服务能力等重点任务，并配套发布了《绿色数据中心先进适用技术产品目录（2019 年版）》，对于建立健全绿色数据中心标准评价体系和能源资源监管体系，打造绿色数据中心先进典型，形成具有创新性的绿色技术产品、解决方案，培育专业第三方绿色服务机构等起到重要作用。

清洁低碳、集约高效的绿色出行服务体系不断完善。2019 年 5 月，交通运输部等十二部门和单位印发《绿色出行行动计划（2019－2022 年）》，设定了"到 2022 年初步建成布局合理、生态友好、清洁低碳、集约高效的绿色出行服务体系"的总体目标，旨在改善绿色出行环境，提高公共交通服务品质，提升绿色出行装备水平，明确要推进绿色车辆规模化应用，加速淘汰高能耗、高排放车辆，加快充电基础设施建设，构建便利高效、适度超前的充电网络体系，促进新业态融合发展，引导巡游车通过电信、互联网等方式提供电召服务，减少车辆空驶等具体措施。

构建市场导向的绿色技术创新体系，强化科技创新引领。2019 年 4 月，国家发展改革委、科技部联合印发《关于构建市场导向的绿色技术创新体系的指导意见》，明确将强化产品全生命周期绿色管理，加快构建企业为主体、产学研深度融合、基础设施和服务体系完备、资源配置高效、成果转化顺畅的绿色技术创新体系，形成研究开发、应用推广、产业发展贯通融合的绿色技术创新新局面，并给出了构建市场导向的绿色技术创新体系路线图和时间表。

全面加强能源行业法制建设，促进能源依法治理实践不断深入。2019 年 1 月，国家能源局印发《能源行业深入推进依法治理工作的实施意见》，旨在提升能源行业运用法治思维和法制方式的能力；2019 年 5 月，国家能源局印发《2019 年能源行业普法工作要点》，提出了全年能源行业普法工作的总体要求，明确要紧紧围绕能源工作大局，全面落实"谁执法谁普法"普法责任制，加快推进法治文化建设，深化依法治理和法治创建活动，增强全民普法实效，为推进全面依法行政营造良好的法治环境。

（三）我国能效提升空间仍然巨大，信息通信技术将成重要推动力

我国提出了新达峰目标与碳中和愿景，积极推进绿色复苏。习近平主席在第七十五届联合国大会一般性辩论上宣布，我国二氧化碳排放力争 2030 年前达峰，努力争取 2060 年前实现碳中和。这为我国应对气候变化、促进能源转型提供了方向指引，也对全面加强生态环境系统能力建设，提升环境监测、综合执法等队伍装备和技术保障水平等提出了更高的要求。

能源供应安全问题仍需重视，持续提升能效势在必行。2019 年，我国天然气和原油进口量比上年分别增长 9.4%、9.5%[1]，对外依存度分别升至 45.2%、72.5%。虽然总体上油气对外依存度快速增加的势头一定程度上得到了遏制，但是考虑到我国能源消费总量较大的特点，能源供应风险不容忽视，必须充分

---

[1] 天然气、原油进口数据来源于《2019 年国内外油气行业发展报告》。

发挥能效提升在保障国家能源安全中的重要作用。

我国仍存在较大的能效提升空间，节能节电潜力巨大。近年来我国的能效水平持续提升，不过与英国、日本、德国等发达国家相比，我国仍存在一定差距，因此能效优化空间仍然巨大。能效差距将反映在环境污染程度不断加深、生态环境压力不断增大、国家能源安全受到威胁等多个方面，因此能效提升工作的责任重大，不容轻视。

数字技术与用能设施的深度融合将改变能效提升方式，信息通信技术将在其中发挥重要作用。当下，5G、大数据、云计算、物联网等新兴信息通信技术正在迅猛发展，数字革命的深入推进将促使信息流与能源流融合。同时，能源企业与用户之间将可以有更加频繁和深入的实时交互，加之新型商业模式的兴起，能效提升方式将发生重大变革，能源系统将更加智能、高效、绿色。

节能篇

1

能源消费

本章要点

(1) 我国能源消费继续保持增长。2019 年，全国一次能源消费量 48.7 亿 tce，比上年增长 3.2%，增速比上年降低 0.3 个百分点，占全球能源消费的比重约为 24.3%。

(2) 一次能源结构持续优化。2019 年，我国煤炭消费量占一次能源消费量的 57.7%，比上年下降 1.3 个百分点；占全球煤炭消费总量的 51.7%，比上年上升 1.5 个百分点。非化石能源消费量占一次能源消费量的比重达到 15.3%，比上年提高 0.8 个百分点。

(3) 非工业用能占终端能源消费比重持续上升。2018 年，我国终端能源消费量为 34.10 亿 tce，其中，工业终端能源消费量为 21.64 亿 tce，占终端能源消费总量的比重为 63.5%，比 2017 年下降 0.9 个百分点。工业在终端能源消费中占据主导地位。

(4) 优质能源比重不断上升，但比重仍偏低。煤炭占终端能源消费比重持续下降，电、气等优质能源的比重逐步增加。2018 年我国电能占终端能源消费的比重为 24.6%，比 2017 年提高 1.0 个百分点，与日本、法国等国家相比仍有差距。

(5) 人均能源消费量再创新高。2019 年，我国人均能耗为 3371kgce，比上年增加 126kgce，比世界平均水平（2583kgce）高 788kgce，但与主要发达国家相比仍有明显差距。

1.1　能源消费概况

2019 年，全国一次能源消费量 48.7 亿 tce，比上年增长 3.2%，增速比上年降低 0.3 个百分点；占全球能源消费的比重达 24.3%●。其中，煤炭消费量 28.1 亿 tce，比上年增长 0.9%；石油消费量 9.2 亿 tce，比上年增长 3.2%；天然气消费量 3.9 亿 tce，比上年增长 10.0%。我国一次能源消费总量与构成，见表 1-1-1。

表 1-1-1　　　　　　　　　　我国一次能源消费总量与构成

年　份	能源消费总量（万 tce）	构成（能源消费总量＝100）			
		煤炭	石油	天然气	一次电力及其他能源
1980	60 275	72.2	20.7	3.1	4.0
1990	98 703	76.2	16.6	2.1	5.1
2000	146 964	68.5	22.0	2.2	7.3
2001	155 547	68.0	21.2	2.4	8.4
2002	169 577	68.5	21.0	2.3	8.2
2003	197 083	70.2	20.1	2.3	7.4
2004	230 281	70.2	19.9	2.3	7.6
2005	261 369	72.4	17.8	2.4	7.4
2006	286 467	72.4	17.5	2.7	7.4
2007	311 442	72.5	17.0	3.0	7.5
2008	320 611	71.5	16.7	3.4	8.4
2009	336 126	71.6	16.4	3.5	8.5
2010	360 648	69.2	17.4	4.0	9.4
2011	387 043	70.2	16.8	4.6	8.4
2012	402 138	68.5	17.0	4.8	9.7
2013	416 913	67.4	17.1	5.3	10.2

● 数据来源于《BP 世界能源统计年鉴 2020》，2020 年 6 月。

续表

年　份	能源消费总量（万 tce）	构成（能源消费总量＝100）			
		煤炭	石油	天然气	一次电力及其他能源
2014	428 334	65.8	17.3	5.6	11.3
2015	434 113	63.8	18.4	5.8	12.0
2016	441 492	62.2	18.7	6.1	13.0
2017	455 827	60.6	18.9	6.9	13.6
2018	471 925	59.0	18.9	7.6	14.5
2019	487 000	57.7	18.9	8.1	15.3

数据来源：国家统计局，《中国统计年鉴 2020》。
注　电力折算标准煤的系数根据当年平均发电煤耗计算。

一次能源消费结构中煤炭所占比重创历史新低。2019 年，我国煤炭占一次能源消费的比重为 57.7%，比上年下降 1.3 个百分点，创历史新低；占全球煤炭消费的比重为 51.7%❶，比上年上升 1.5 个百分点。我国是世界上少数几个能源供应以煤为主的国家之一，美国煤炭占一次能源消费的比重为 12.0%，德国为 17.5%，日本为 26.3%，世界平均为 27.0%。2019 年，我国原油消费量比重保持不变，天然气比重上升 0.5 个百分点。非化石能源消费量占一次能源消费量的比重达 15.3%，比上年提高 0.8 个百分点。

1.2　工业占终端用能比重

工业在终端能源消费中占据主导地位。2018 年，我国终端能源消费量为 34.10 亿 tce，其中，工业终端能源消费量为 21.64 亿 tce，占终端能源消费总量的比重为 63.5%；建筑业占 2.2%；交通运输占 12.0%；农业占 2.0%。我国分部门终端能源消费情况，见表 1-1-2。

---

❶　数据来源于《中国统计年鉴 2020》《BP 世界能源统计年鉴 2020》。

表 1-1-2　　　　　　　我国分部门终端能源消费结构

部门	2000 年 消费量 (Mtce)	2000 年 比重 (%)	2005 年 消费量 (Mtce)	2005 年 比重 (%)	2010 年 消费量 (Mtce)	2010 年 比重 (%)	2017 年 消费量 (Mtce)	2017 年 比重 (%)	2018 年 消费量 (Mtce)	2018 年 比重 (%)
农业	28.7	2.7	50.3	2.6	53.3	2.1	68.4	2.1	67.6	2.0
工业	718.7	67.7	1356.8	70.4	1826.5	70.4	2088.1	63.9	2164.2	63.5
建筑业	18.0	1.7	29.3	1.5	45.8	1.8	71.5	2.2	75.8	2.2
交通运输	103.7	9.8	177.5	9.2	251.9	9.7	393.0	12.0	409.6	12.0
批发零售	21.6	2.0	41.1	2.1	52.9	2.0	79.7	2.4	83.7	2.5
生活消费	126.2	11.9	200.1	10.4	263.3	10.1	414.5	12.7	439.0	12.9
其他	44.8	4.2	72.6	3.8	102.0	3.9	155.7	4.8	169.6	5.0
总计	1061.7	100	1927.7	100	2595.8	100	3270.8	100	3409.6	100

注　1. 数据来自《中国统计年鉴 2020》。终端能源消费量等于一次能源消费量扣除加工、转换、储运损失，电力、热力按当量热值折算。
　　 2. 我国统计的交通运输用油，只统计交通运输部门运营的交通工具的用油量，未统计其他部门和私人车辆的用油量。这部分用油量为行业统计和估算值。

1.3　优质能源比重

优质能源是相对的概念，指热值高、使用效率高、有害成分少，使用方便的能源，也指对环境污染小或无污染的能源。优质能源在终端能源消费中的比重逐步上升，但比重仍偏低。煤炭占终端能源消费比重持续下降，电、气等优质能源的比重逐步增加。2018 年电力占终端能源消费的比重为 24.6%，比 2017 年上升 1.0 个百分点[1]，高于世界平均水平，比美国高 1.5 个百分点，但比日本、法国等国家低 2～5 个百分点[2]。煤炭比重偏高的终端能源消费结构是造成我国环境污染严重的重要原因。

---

[1]　来自《中国统计年鉴 2020》。
[2]　国外数据来源于 IEA。

1.4 人均能源消费量

人均能耗（每人每年一次能源的平均消费量）进一步提高。2019年，我国人均能耗为3371kgce，比上年增加126kgce，比世界平均水平（2583kgce❶）高788kgce，但仍远低于主要发达国家，2019年美国、欧洲、日本分别为9813、4217、5023kgce。2005年以来我国人均能耗增长情况，见图1-1-1。

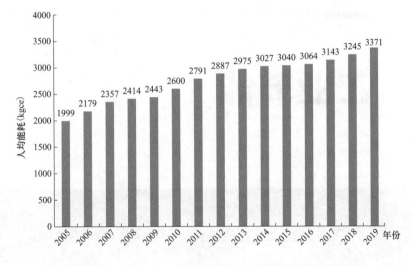

图1-1-1　2005年以来我国人均能耗增长情况

---

❶ 本小节国外数据来源于BP。

2

工业节能

本章要点

(1) 主要工业产品单位综合能耗普遍持续下降。 2019 年, 铜冶炼单位综合能耗为 226kgce/t, 比上年降低 2.2%; 钢单位综合能耗为 553kgce/t, 比上年降低 3.2%; 纯碱单位综合能耗为 322kgce/t, 比上年降低 2.7%; 合成氨单位综合能耗为 1419kgce/t, 比上年降低 2.3%; 平板玻璃单位综合能耗为 12.0kgce/重量箱, 比上年降低 1.6%。

(2) 工业部门节能量达到 4582 万 tce, 占全社会节能量的 47.2%。 与 2018 年相比, 2019 年制造业 13 种产品单位能耗下降实现节能量约 2216 万 tce。据推算, 制造业总节能量约为 3166 万 tce, 工业部门实现节能量 4582 万 tce。

(3) 电力工业节能减排取得了显著成就, 实现节能量 1416 万 tce。 2019 年, 全国 6000kW 及以上火电机组供电煤耗为 306.9gce/(kW·h), 比上年降低 0.7gce/(kW·h); 全国线路损失率为 5.93%, 比上年降低 0.34 个百分点。与 2018 年相比, 综合发电和输电环节的节能效果, 加上因弃风弃光率降低产生的节能效益, 电力工业生产领域实现节能量 1416 万 tce。

2.1　综述

工业部门在我国能源消费中占主导位置，2018 年，我国能源消费量为 47.2 亿 tce，其中，工业能源消费量为 31.1 亿 tce，占能源消费总量的比重为 65.9%[1]。黑色金属冶炼和压延加工业，有色金属冶炼和压延加工业，非金属矿物制品业，石油加工、炼焦和核燃料加工业，化学原料和化学制品制造业等制造业与电力、煤气及水生产和供应业的能源消费量占工业总能耗的比重分别为 20.0%、7.9%、10.5%、9.2%、16.5%、10.8%，总计约为 75.0%。

2019 年工业部门通过技术创新、淘汰落后、循环利用、流程优化、产业集中、政策管理、智能转型等多措并举，工业节能工作取得新进展，主要高耗能工业产品综合能耗下降。例如，铜冶炼综合能耗为 226kgce/t，比上年降低 2.2%；钢综合能耗为 553kgce/t，比上年降低 3.2%；纯碱综合能耗为 322kgce/t，比上年降低 2.7%；合成氨综合能耗为 1419kgce/t，比上年降低 2.3%；平板玻璃综合能耗为 12.0kgce/重量箱，比上年降低 1.6%。

2.2　制造业节能

2.2.1　黑色金属工业

黑色金属工业指黑色金属冶炼及压延加工业，包括钢铁行业和铁合金行业等，本报告主要分析钢铁行业。

（一）行业概述

(1) 行业运行。

2019 年，钢铁行业继续深入推进供给侧结构性改革，巩固去产能成果，加

---

[1]　按发电煤耗计算。

快结构调整、转型升级,推动全行业高质量发展,行业运行总体平稳。

粗钢产量再创历史新高。2019 年全国生铁、粗钢和钢材产量分别为 8.09 亿、9.96 亿、12.05 亿 t,比上年分别增长 5.3%、8.3% 和 9.8%,粗钢产量再创历史新高。2019 年钢铁行业市场需求较好,基建、房地产等下游行业运行稳定,国内粗钢表观消费量约 9.4 亿 t,比上年增长 8%。2000—2019 年我国粗钢、钢材产量及增长情况如图 1-2-1 和图 1-2-2 所示。

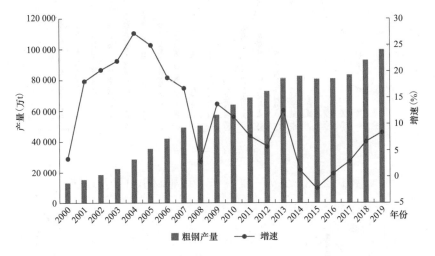

图 1-2-1 2000—2019 年我国粗钢产量及增长情况

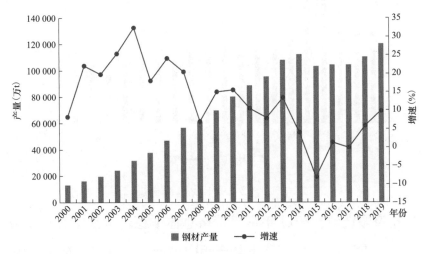

图 1-2-2 2000—2019 年我国钢材产量及增长情况

钢材进出口持续双降。据海关总署数据,2019 年,我国出口钢材 6429.3 万 t,

比上年下降 7.3%；出口金额 537.6 亿美元，比上年降低 11.3%。进口钢材
1230.4 万 t，比上年下降 6.5%；进口金额 141.1 亿美元，比上年降低 14.1%。
2000—2019 年我国钢材进、出口量及增速如图 1-2-3 和图 1-2-4 所示。

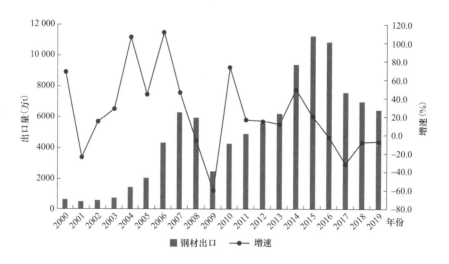

图 1-2-3 2000—2019 年我国钢材出口量及增速

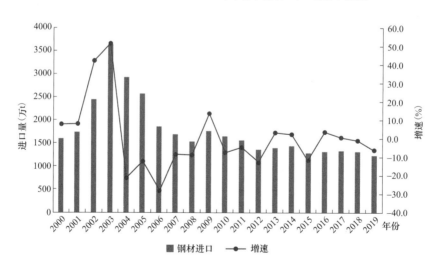

图 1-2-4 2000—2019 年我国钢材进口量及增速

钢材价格窄幅波动。2019 年钢材价格总体平稳，呈窄幅波动走势。5 月初
达到最高 113.1 点，10 月底震荡下降至年内最低 104.3 点。全年中国钢材价格
指数均值为 107.98 点，比上年下降 6.77 点，降幅为 5.9%。

进口铁矿石价格大幅上涨。据海关总署数据，2019 年我国累计进口铁矿石 10.7 亿 t，比上年增长 0.5%，进口金额 1014.6 亿美元，比上年增加 266.4 亿美元，增幅 33.6%，全年平均价格为 94.8 美元/t，比上年增加 34.3%。与上年相比，进口总量保持稳定的同时，进口价格大幅上涨，对下游钢铁制造业利润影响较大。

经济效益大幅下滑。由于钢铁产量增幅加快，钢材价格呈窄幅波动下行走势，铁矿石等原燃材料价格上涨等因素影响，钢铁企业经济效益大幅回落。2019 年中国钢铁工业协会会员钢铁企业实现销售收入 4.27 万亿元，比上年增长 10.1%；实现利润 1889.94 亿元，比上年下降 30.9%；累计销售利润率 4.43%，比上年下降 2.63 个百分点。

(2) 能源消费。

2019 年全国重点统计的钢铁会员企业能耗总量为 30 840 万 tce，比上年增长 4.8%；吨钢综合能耗为 552.96kgce/t，比上年降低 1.1%。2018 年我国黑色金属工业能源消费 6.23 亿 tce，占全国终端能源消费总量的比重为 13.2%，比 2017 年下降 0.4 个百分点；占工业行业耗能量比重为 20.0%，比 2017 年下降 0.7 个百分点❶。

(二) 主要能效提升措施

钢铁行业的全流程节能主要包括炼焦、烧结、炼铁、炼钢、轧钢和能源公辅六个环节。受成本和经济性影响，我国钢铁行业一直以来以铁矿石为原料的长流程为主导，以废钢为原料的电炉短流程占比较低。随着钢铁行业化解过剩产能和全面取缔"地条钢"，2019 年，我国废钢消费量达 2.16 亿 t，比上年增长 15.0%，钢铁生产中使用的废钢比例攀升至 21.7%。新兴节能技术有：

球形蒸汽蓄能器。球形蒸汽蓄能器内贮有大量热水，只留一部分作为蒸汽空间。当转炉吹氧时，汽化冷却装置产生的多余蒸汽被引入球形蒸汽蓄能器

---

❶ 数据来源：《中国统计年鉴 2020》。

19

内，容器里的压力开始升高，蒸汽在球形蒸汽蓄能器内将水加热并凝结成水，水位由于蒸汽的凝结而升高，完成了充热过程。在转炉非吹氧期或蒸发量较小的瞬间，用户继续用汽时，球形蒸汽蓄能器中的压力下降，伴随部分水发生闪蒸以弥补产汽的不足，这时，球形蒸汽蓄能器中水位开始降低并实现了放热过程（向外供汽）。预计未来 5 年，推广应用比例可达到 30％，可形成节能 4.07 万 tce/a，减排 CO_2 10.98 万 t/a。

联峰钢铁（张家港）有限公司转炉余热回收项目。该项目建设 2 座 120t 转炉，配套建设 2 座转炉汽化冷却系统和 1 台容积 400m³ 的球形蒸汽蓄能器及配套电气自控设施。实施周期 6 个月。改造后，该项目配套建设的 400m³ 球形蒸汽蓄能器回收回转炉余热蒸汽，年储存吹炼高峰时多余蒸汽折合标准煤 1356tce。投资回收期 2 年。

转炉烟气热回收成套技术开发与应用。基于能量梯级利用原理和品位概念，结合有限元模拟计算分析，发明了转炉烟道汽化冷却优化用能关键技术，研制了一系列高效节能核心动力设备，发明了以随动密封和新型圈梁水冷结构为核心的长寿节能型活动烟罩，基于有限元法数值模拟分析及实验研究，开发出固定段烟道单回程结构与烟道受热面合金喷涂方法相结合的镀膜新技术。预计未来 5 年，推广应用比例可达到 20％，可形成节能 51 万 tce/a，减排 CO_2 137.7 万 t/a。

本钢板材股份有限公司 7 号转炉节能环保改造工程。本钢板材股份有限公司 7 号转炉改造前烟道寿命短，其中活动烟罩、炉口段、移动段约 1 年，中段和末段约 5 年。系统故障率高，安全可靠性低。转炉汽化冷却系统升压、新技术应用及相关升级改造。实施周期 9 个月。改造后，年节约蒸汽约 23.5 万 t，折合 2.55 万 tce/a。投资回收期 24 个月。

（三）能效及节能量

节能环保工作再上新台阶，主要污染物排放和能源消耗指标有所下降。历年钢铁工业的总产量、能源消费量、综合能耗见表 1-2-1。

表 1-2-1　2011－2019 年钢铁行业主要产品产量及能耗指标

类　别	2011 年	2012 年	2013 年	2014 年	2015 年	2016 年	2017 年	2018 年	2019 年
产量（Mt）	689.3	723.9	779.0	822.7	803.8	808.4	831.4	928.0	996.0
能源消费量（Mtce）	271	266	300	277	286	275	276	264	308
用电量（亿 kW·h）	5312	5134	5494	5578	5057	4882	4964	5425	5683
吨钢综合能耗（kgce/t）	605	602	604	592	585	572	586	559	553

数据来源：国家统计局；国家发展改革委；钢铁工业协会；中国电力企业联合会。

注　综合能耗中的电耗按发电煤耗法折算标准煤，代表全国行业平均水平。能源消费总量、吨钢综合能耗数据为中国钢铁工业协会统计的会员企业数据。

分工序能耗来看：

烧结工序： 2019 年中钢协会员单位烧结工序能耗为 48.53kgce/t，比上年减少 0.13kgce/t。

焦化工序： 2019 年中钢协会员单位统计中有 35 家企业有焦化生产指标，其焦炭产量仅占全国焦炭产量的 25.35%。2019 年中钢协会员单位的焦化工序能耗为 105.81kgce/t，比上年减少 1.12kgce/t。

炼铁工序： 2019 年中钢协会员单位铁产量占全国铁产量的 81.5%，其炼铁工序能耗为 388.52kgce/t，比上年降低 3.23kgce/t。

转炉工序： 2019 年中钢协会员单位钢产量占全国钢产量的 74.0%，其中转炉钢产量为 62 599.7 万 t，比上年增长 5.1%。转炉工序能耗包括铁水预处理、转炉冶炼、转炉精炼和连铸的能耗。2019 年中钢协会员单位的转炉各工序能耗分别为 0.29、－19.09、7.91、6.10kgce/t。转炉消耗废钢铁为 135.32kg/t，比上年增长 5.94kg/t。2019 年中钢协会员单位的转炉工序能耗为－13.85kgce/t[1]，比上年降低 0.49kgce/t。

---

[1]　转炉炼钢主要是以液态生铁为原料的炼钢方法。主要靠转炉内液态生铁的物理热和生铁内各组分（如碳、锰、硅、磷等）与送入炉内的氧进行化学反应所产生的热量，使金属达到出钢要求的成分和温度，在转炉炼钢过程中，铁水中的碳在高温下和吹入的氧生成一氧化碳和少量二氧化碳的混合气体，即转炉煤气。因此，转炉炼钢工序能耗通常为负值。

电炉工序：2019 年中钢协会员单位统计的电炉生产指标只有 23 家企业，其电炉冶炼能耗、电炉冶炼电耗、电炉精炼能耗、电炉精炼电耗、连铸能耗分别为 39.96kgce/t、242.92kW·h/t、26.05kgce/t、81.00kW·h/t、9.01kgce/t。2019 年中钢协会员单位电炉消耗的钢铁料比上年降低 10.40kg/t，消耗的热铁水由上年的 467.11kg/t 升到 493.28kg/t，吨钢综合电耗由上年的353.75kW·h/t 下降到 340.82kW·h/t。2019 年中钢协会员单位电炉工序能耗为53.04kgce/t，比上年降低 2.66kgce/t。

钢加工工序：2019 年中钢协会员单位的钢材产量占全国钢材产量的57.6%，其钢加工工序能耗为 53.73kgce/t，比上年降低 1.11kgce/t。

根据 2019 年钢铁产量测算，由于吨钢综合能耗的下降，钢铁行业 2019 年较 2018 年实现节能约 598 万 tce。

2.2.2　有色金属工业

有色金属通常是指除铁和铁基合金以外的所有金属，主要品种包括铝、铜、铅、锌、镍、锡、锑、镁、汞、钛等十种。其中，铜、铝、铅、锌产量占全国有色金属产量的 90% 以上，被广泛用于机械、建筑、电子、汽车、冶金、包装、国防等领域。

（一）行业概述

(1) 行业运行。

有色金属行业生产总体平稳，增速略有回落。2019 年十种有色金属产量5842 万 t，比上年增长 3.5%，增速回落 2.5 个百分点。其中，铜、铝、铅、锌产量分别为 978 万、3504 万、580 万、624 万 t，比上年分别增长 10.2%、−0.9%、14.9%、9.2%；铜材、铝材产量分别为 2017 万、5252 万 t，比上年分别增长 12.6%、7.5%[1]。2000 年来十种有色金属的产量、增速见图 1-2-5。

---

[1] 产品产量数据来源于工业和信息化部，http://www.miit.gov.cn/n1146312/n1146904/n1648356/n1648358/index.html。

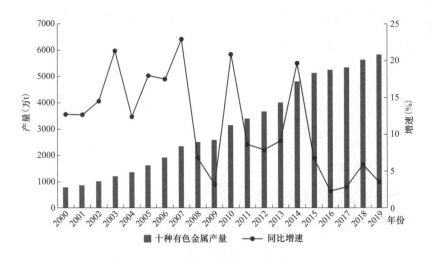

图 1 - 2 - 5　2000－2019 年有色金属主要产品产量变化

价格持续震荡回落，效益延续下滑。2019 年，铜、铝、铅、锌现货均价分别为 47 739、13 960、16 639、20 489 元/t，比上年分别降低 5.8%、2.1%、13.0%、13.5%。规模以上有色企业主营业务收入 60 042 亿元，比上年增长 7.1%；利润 1578 亿元，比上年降低 6.5%，其中，采选利润 301 亿元，比上年下降 28.4%；冶炼、加工利润分别为 647 亿、630 亿元，比上年分别增长 0.6%、1.4%。分品种来看，铅锌矿采选、钨钼冶炼、金银冶炼行业减利成为拖累行业效益下滑的主因。

行业投资呈现恢复性增长、境外开发积极推进。2019 年，有色金属行业固定资产投资比上年增长 2.1%，其中，矿山采选投资比上年增长 6.8%，冶炼及加工领域投资比上年增长 1.2%，行业节能减排技术改造、高端材料等领域的投资不断加快。从海外开发看，金川集团、中铝集团、万宝矿产等海外项目顺利投产达产，中铝集团几内亚铝土矿项目矿石开始供给国内，江西铜业、紫金矿业增资海外铜资源龙头企业。

（2）能源消费。

有色金属是我国主要耗能行业之一，是推进节能降耗的重点行业。2018 年我国有色金属工业能源消费 2.46 亿 tce，占全国终端能源消费总量的比重为

5.2%，比 2017 年提高 0.2 个百分点；占工业行业耗能量比重为 7.9%，比 2017 年提高 0.1 个百分点❶。

从用能环节上看，有色金属行业的能源消费集中在冶炼环节，约占行业能源消费总量的 80%。其中，铝工业（电解铝、氧化铝、铝加工）占有色金属工业能源消费量的 80% 左右。

（二）主要能效提升措施

（1）创新研发推广多氧燃烧技术。

多氧燃烧新技术在烟气再循环掺混弥漫性燃烧技术和安全燃烧自动精准控制技术实现了创新性。通常的燃料燃烧都是以空气作为助燃剂，空气中含有 21% 的氧气，79% 的氮气，在燃烧反应中只有氧气起作用，氮气仅仅作为稀释剂参加燃烧，大量的氮气吸收燃烧反应热以后，作为高温烟气排放，不仅造成能源浪费，而且在燃烧反应过程中易产生 NO_x 气体，造成环境污染。多氧燃烧技术则从源头上排除了氮气的参与，既遏制了 NO_x 的产生，又避免了大量的高温烟气带走的能量损耗，达到节能减排的显著效果；安全燃烧自动精准控制技术，对燃料和氧气可以实现在线实时精确配比，在保证充分燃烧的情况下，精确控制空燃比及炉内的氧化还原气氛，为炉窑的加热质量提供更可靠的保障，同时也为系统的安全燃烧提供了保证。

北京凯明阳热能技术有限公司开发的多氧燃烧技术，已在阳极炉、反射炉、分银炉及贵铅炉等几十台冶炼炉完成多氧燃烧系统改造，节能减排效果显著，特别是江西铜业贵溪冶炼厂的铜阳极炉改造后，重油吨铜单耗降至 5.2kg，达到了同样炉型世界最先进水平。该项目的推广应用大大降低了用户的燃料成本，减少了烟气排放和氮氧化物的排放。和传统的空气助燃技术相比较，节能 55% 以上，减排约 70%，从改造完成的工程来看，每台冶炼炉每年可为客户产生数百万元的经济效益。

---

❶ 数据来源：《中国统计年鉴 2020》。

24

(2) 广泛使用深部金属矿床开采过程充填材料与工艺优化技术。

该技术包含新型高性能膨胀充填材料、井下采场充填体强度计算理论与设计方法、基于立式砂仓的尾砂高浓度稳定连续充填工艺成套技术等。其中，立式砂仓尾砂高浓度/膏体稳定连续充填工艺技术，既适用于新建充填系统，又适用于传统充填系统的升级改造，将成为矿山高质量、高效充填的又一选择，必将推动我国深部金属矿山绿色开采技术进步。

(3) 积极开展选矿碎矿系统无人化值守技术升级改造。

碎矿系统是选矿生产流程中职工作业环境差、劳动强度大、安全风险高的艰苦岗位，较低的自动化程度导致了用能效率不高。传统的增加除尘设施、强化设备人员安全防护措施等手段，积极改善职工作业环境和劳动强度等方式，效果并不理想，也不利于提升效率。通过对碎矿控制系统进行全面升级改造，实现碎矿系统所有设备的自动化运行、数字化监控和智能化控制，生产效率大幅提升，能源强度得以降低，实践效果良好。

（三）能效及节能量

尽管环保要求日趋严格，环保设备的运行增加了综合电量消耗，但 2019 年我国铝锭综合交流电耗为 13 531kW·h/t，比上年降低 24kW·h/t。铜冶炼能耗持续下降，2019 年我国铜冶炼综合能耗为 226kgce/t，比上年降低 2.2%。2015—2019 年有色金属行业主要产品产量及能耗指标见表 1 - 2 - 2。

表 1 - 2 - 2   有色金属行业主要产品产量及能耗指标

类　别	2015 年	2016 年	2017 年	2018 年	2019 年
十种有色金属产量（Mt）	51.55	52.83	53.78	56.88	58.42
铜	7.96	8.44	8.89	9.03	9.78
铝	31.41	31.87	32.27	35.80	35.04
铅	3.85	4.67	4.72	5.11	5.80
锌	6.15	6.27	6.22	5.68	6.24
用电量（亿 kW·h）	5378	5453	5427	5736	6162

类　　别	2015 年	2016 年	2017 年	2018 年	2019 年
电解铝交流电耗（kW·h/t）	13 562	13 599	13 577	13 555	13 531
铜冶炼综合能耗（kgce/t）	265	241	237	231	226

数据来源：国家统计局；国家发展改革委；有色金属工业协会；中国电力企业联合会。

注　综合能耗中的电耗按发电煤耗法折算标准煤，代表全国行业平均水平。

2019 年，根据当年产量测算，电解铝节能量为 10.3 万 tce，铜冶炼节能量为 4.9 万 tce。

2.2.3　建材工业

建材工业是重要的原材料及制品工业，与国家经济发展、城乡建设、工农业生产和提高人民生活息息相关，为建筑、交通、水利、农业、国防等产业提供了坚实的物质基础，在国民经济建设发展中起着十分重要的作用。

我国建材行业按照产品划分，主要包括建筑材料及制品、非金属矿物材料、无机非金属新材料，以及建材专用设备等产品类别，形成约有 80 多类、1700 多种产品规格的产品体系。

如果按照产业划分，我国建材行业可分为建材采石和采矿业、建材基础材料产业、建材加工制品业三大类，包括水泥、砖瓦及建筑砌块、石灰石膏、平板玻璃、建筑卫生陶瓷、矿物纤维及制品、砂石黏土开采、建筑用石开采、非金属矿采选、混凝土与水泥制品、新型墙体材料、技术玻璃制造、纤维增强塑料、建筑用石加工、非金属矿制品等 15 个行业，对应着国民经济行业分类中的 30 个中类行业。此外，还包括建筑材料生产专用机械、建材用耐火材料等交叉行业。

（一）行业概述

（1）行业运行。

建材行业经济效益持续提升。2019 年建材工业规模以上企业完成主营业务收入 4.8 万亿元，比上年增长 11.5%，利润总额 4291 亿元，比上年增长 13.48%，销售利润率 8.7%。其中，水泥主营业务收入 1.01 万亿元，比上年增长 12.5%，利润 1867 亿元，比上年增长 19.6%；平板玻璃主营业务收入 843 亿元，比上年增长 9.8%，利润 98 亿元，比上年下降 16.6%。水泥制品、技术玻璃、卫生陶瓷、防水建筑材料、纤维增强塑料制品利润总额比上年分别增长 25.1%、8.9%、26.5%、15.4%、50.2%。

建材主要产品产量持续增长。2019 年全年，建材工业增加值比上年增长 5.7%，与整个工业增速持平。其中，全国水泥产量 23.5 亿 t，比上年增长 4.9%，平板玻璃产量 9.3 亿重量箱，比上年增长 6.6%，商品混凝土产量 25.5 亿 m³，比上年增长 14.5%。陶瓷砖、卫生陶瓷制品产量比上年分别增长 7.5%、10.7%。2005 年以来全国水泥和平板玻璃产量及增长情况分别见图 1-2-6 和图 1-2-7。

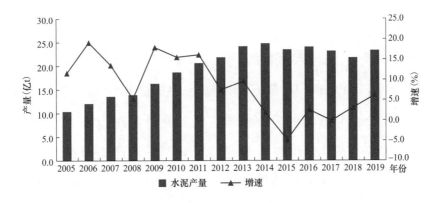

图 1-2-6　我国水泥产量及增长情况

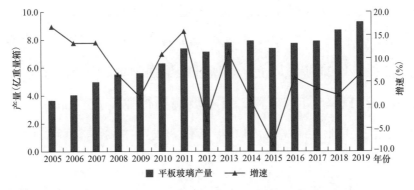

图 1-2-7　我国平板玻璃产量及增长情况

建材产品价格有所提高。2019年建材产品价格水平比上年增长3.3%，其中，2019年12月当月建材价格指数为116.57，比上年增长0.8%。建材重点产品中，水泥工业产品12月出厂价格指数为121.45，比上月上涨1.3%，比上年下降1.4%，2019年比上年上涨4.3%。建筑技术玻璃工业产品12月出厂价格指数为85.81，比上月上涨0.9%，2019年平均比上年下降2.8%。

行业技术升级和环保改造相关的投资较快增长。2019年建材限额以上非金属矿采选业固定资产投资比上年增长30.9%，比2018年增加4.2个百分点，非金属矿制品业固定资产投资比上年增长6.8%，比2018年下降12.9个百分点。建材行业投资增长主要原因是环保设施改造提升、技术改造及混凝土、砖瓦、防水材料等行业工业化进程。

（2）能源消耗。

2019年我国建材工业能源消费总量约3.38亿tce，占全国能源消费总量的比重为6.9%，比2017年下降0.4个百分点；占工业能源消费总量的10.5%，比上年降低1.3个百分点。由于一些非建材工业企业在产品生产过程中制造了大量的水泥、建筑石灰和墙体材料等建材工业产品，这些产品生产所消耗的能源并没有被纳入建材工业能耗的统计核算范围之中，使得建材工业的实际能源消费被严重低估。

建材工业中水泥、平板玻璃、石灰制造、建筑陶瓷、砖瓦等传统行业增加值占建材工业50%～60%，单位产品综合能耗在1～6tce之间，能源消耗总量占建材工业能耗总量的90%以上；玻璃纤维增强塑料、建筑用石、云母和石棉制品、隔热隔音材料、防水材料、技术玻璃等行业单位产品综合能耗均低于1tce，能耗占建材工业能耗总量的6%左右。我国主要建材产品产量及能耗情况，见表1-2-3。

表 1 - 2 - 3　　　　　　我国主要建材产品产量及能耗

类　别		2011 年	2012 年	2013 年	2014 年	2015 年	2016 年	2017 年	2018 年	2019 年
水泥（亿 t）		20.6	21.8	24.1	24.8	23.5	24.0	23.3	21.8	23.3
砖（亿块）		330.9	324.2	416.0	478.0	5 154 209	5 316 010	4 844 418	4 410 454	4 015 365
卫生陶瓷（万件）		1705.16	1705.25	1754.12	1699.07	1849	2001	2154	1871	1800
平板玻璃（万重量箱）		73 800	71 416	77 898	79 261	73 862	77 403	79 024	86 864	92 670
产品能耗	水泥（kgce/t）	134	129	127	126	125	123	123	121	118
	平板玻璃（kgce/重量箱）	14.8	14.5	14	13.6	13.2	12.8	12.4	12.2	12.0

数据来源：《中国统计年鉴 2020》；中国建筑材料联合会。

注　产品能耗中的电耗按发电煤耗折算成标准煤。

（二）主要能效提升措施

（1）水泥行业新工艺。

生活垃圾生态化前处理和水泥窑协同后处理技术。技术原理：利用垃圾中易腐败有机物的好氧发酵及通风作用，使混合垃圾的水分显著下降，实现生物及物理干化；通过滚筒筛、重力分选机、圆盘筛、除铁器等一系列机械分选装置，分选出垃圾中的易燃、无机物等，并进一步破碎，制成水泥窑垃圾预处理可燃物（CMSW）、无机灰渣等原料；水泥窑垃圾预处理可燃物（CMSW）、无机灰渣等原料经过一系列输送、计量装置，喂入新型干法水泥窑分解炉，替代部分燃煤、原料。

技术指标：①生活垃圾生态预处理单线产能大于 1000t/d；②万吨熟料生产线处置能力：2800t 生活垃圾/d；③水泥烧成化石燃料替代率大于 50%；④有机污染物去除率：99.9999%；⑤二噁英排放量小于 0.05ngTEQ/m³（标况下）；⑥CO_2减排率：375kg/t 熟料；⑦非 SNCR 的水泥窑减氮率：80%。

华新水泥（信阳）生活垃圾预处理及水泥窑资源综合利用一体化项目。项目投产后，其日处置量随着信阳城镇化提升而逐年上升，已从2015年的400 t/天上升至目前的900t/天，取得了显著的节能效果。实施周期2年。按垃圾日处置950t计算，年处置CMSW量为20.4万t，节约5.1万tce，按每吨标准煤600元估算，每年可节约煤炭费用3057万元。综合年现金流入约1365万元，项目投资约1亿元，投资回收期约7年。预计未来5年，推广应用比例可达到15％，可形成节能70万tce/a，减排$CO_2$189万t/a。

高压力料床粉碎技术。技术原理：开发成套稳定料床的设备和装置（组合式分级机、"骑辊式"进料装置等）来解决入料中细粉含量较多时辊压机料床稳定性的问题，以增加辊压机的工作压力，从而提高其粉磨效率；同时通过对设备和系统的在线监测以及智能化控制保障设备和系统按照既定方式运行，实现水泥粉磨的高效率、低能耗、高品质的智能化生产。

技术指标：①粉磨单产电耗降低2kW·h/t；②水泥台产增加率10％～20％；③熟料用量减少0.5％～1％。

合肥东华建材水泥粉磨生产线"二代水泥"技术改造项目，技术提供单位为合肥水泥研究设计院有限公司与中建材（合肥）粉体科技装备有限公司。建设规模：合肥东华建材集团股份有限公司两条120万t水泥粉磨生产线，技术改造前水泥粉磨台产为179.6t/h，粉磨单产电耗为26.38kW·h/t。技术改造后，平均单产电耗24.1kW·h/t，较改造前下降2.28kW·h/t。实施周期4个月。自2017年1月至2018年12月期间，该用户两条水泥粉磨生产线共生产PO 42.5水泥200万t，年节电量456万kW·h，折合标准煤约1550.4tce，按每吨标准煤600元估算，每年可节约煤炭费用93.1万元。该项目投资约200万元，同时去除节省熟料的费用，投资回收期约6个月。预计未来5年，推广应用比例可达到30％，可形成节能40万tec/a，减排$CO_2$108万t/a。

带分级燃烧的高效低阻预热器系统。技术原理：通过窑尾烟气在预热器系统对生料进行换热预热，在分解炉对预热后的生料进行碳酸钙分解，减轻回转窑负担，提高系统产量；通过撒料台、预热器结构优化设计，提高预热器换热效率，降低预热器阻力；通过多级换热，提高热回收效率；通过分解炉分级燃烧技术设计，降低窑尾烟气氮氧化物排放；通过集成创新，实现物料分散、气流速度降低、多级预热、分级燃烧，实现预热器系统的高效低阻，进而降低熟料烧成系统煤耗与电耗。

技术指标：①废气温度小于或等于310℃（五级），小于或等于260℃（六级）；②降耗 2kgce/t.cl（五级），4kgce/t.cl（六级）；③出口 NO_x 小于 400mg/m³；④系统阻力小于5200Pa。

泰安中联水泥有限公司 5000t/d 新型干法水泥（暨世界低能耗示范线）工程。技术提供单位为南京凯盛国际工程有限公司。该项目为新建项目，目前国内生产线熟料烧成工段能耗为 107kgce/t.cl。项目建成后，生产线能耗为 95kgce/t.cl，预热器系统可节电 1.5kW·h/t 熟料。实施周期1年。按年产 155 万 t 熟料计算，预热器系统年可节电 232.5 万 kW·h，按电费 0.6 元/（kW·h）计算，每年可节约电费 139.5 万元；生产线年可节约 6200tce，按每吨标准煤 600 元估算，每年可节约煤炭费用 372 万元，则可实现 511.5 万元的经济收益。该项目投资约 2000 万元，投资回收期 3.9 年。预计未来 5 年，推广应用比例可达到 5%，可形成节能 28 万 tce/a，减排 CO_2 75.6 万 t/a。

（2）玻璃行业新工艺。

钛纳硅超级绝热材料保温节能技术。玻璃窑炉的炉体保温材料一般为轻质保温砖、磷酸盐珠光体、珍珠岩等，这些保温材料的导热系数较高，通常在 0.05W/（m·K）（常温）以上，即使使用厚度较大，散热量仍然很大。玻璃窑炉体散热量可占玻璃熔化总能耗的 1/3。美国、日本等发达国家通过提高保温材料性就能取得约 30% 的节能效果，与国外先进水平相比，我国璃窑炉能耗比国外高 30% 左右。预计未来 5 年，可在浮法玻璃行业推广 50 条生产线，建筑陶瓷行业推广 5000 条生产线，有色金属、钢铁等行业可推广 20%，可形成的年节能能力为 25 万 tce，年减排二氧化碳约 66 万 t。

> 海南中航特玻材料有限公司，550t/a 高档浮法玻璃生产线窑炉节能保温工程，采用了钛纳硅技术为核心的组合保温技术，对窑炉的熔化部大碹、澄清部大碹、蓄热室大碹、蓄热室墙体、胸墙、小炉等部位，保温总面积 871m²，钛纳硅超级绝热材料使用 2613m²。保温前单耗 2164kcal/kg 玻璃液，保温后 2096kcal/kg 玻璃液，节能率 3.14%。改造后每年可节能 1948tce，年节能经济效益为 426 万元，投资回收期 10 个月。

浮法玻璃炉窑全氧助燃装备技术。 目前我国浮法玻璃生产线有 270 多条，单线产量从 300～1200t/d 不等。以熔化能力每日 600t，燃料为天然气浮法玻璃窑炉为例，日耗天然气量为 $11.0 \times 10^4 m^3$（标况下），日排二氧化碳 238t，二氧化硫为 0.552t，氮氧化物为 0.86t，不仅能耗偏高，也对环境造成了一定程度的污染。目前该技术可实现年节能量 4 万 tce，减排二氧化碳约 11 万 t。

> 山东金晶节能玻璃有限公司，600t/日浮法玻璃生产线。改造双高空分设备、氧气天然气主盘和流量控制盘、0 号枪位置窑炉开孔。主要设备为双高空分设备、氧气燃料流量控制系统、0 号氧枪及配套喷嘴砖等。改造后每年可节能 4200tce，投资回收期 1 年。

(3) 陶瓷行业新工艺。

基于云控的流线包覆式节能辊道窑技术。 将尾部部分终冷风抽出打入直冷区加热至 170～180℃，将缓冷区抽出的高温余热送至干燥系统利用，利用非预混式旋流型二次配风烧嘴，调节窑内燃烧空气，保证温度场均匀性，通过预热空气和燃料，节省窑炉燃料，将设备信息引入互联网云端，实现在线监测，并接入微信和 iBOK 专用移动终端，实现窑炉产线的远程管理与协助。

技术指标：①窑炉天然气气耗 $1.44m^3/m^2$ 瓷砖，热效率 84.86%，高于行业一级能耗水平；②典型节能率 16.64%；③窑炉最高烧成温度（1000～1250℃）；④零压点处外侧板温度与环境温度之差不应大于 25℃；⑤助燃风温度 200～300℃。

山东远丰陶瓷有限公司改造项目。技术提供单位为广东中鹏热能科技有限公司。改造前为 1 条日产量 $18\ 500m^2$ 仿古砖生产线（长 247.8m、内宽 3.1m），天然气耗用量 $1107.4m^3/h$。改造前能耗为 86.35kgce/t，改造后能耗为 70.91kgce/t，产品产量为 18.92t/h，一年按 330 天计，改造后每年可节省 2313.6tce/a。投资回收期 12 个月。预计未来 5 年，推广应用比例可达到 15% 左右，可形成节能 3.47 万 tce/a，减排 CO_2 9.37 万 t/a。

（4）商品混凝土行业新工艺。

智能连续式干粉砂浆生产线。运用计算机系统智能控制，根据砂浆配方不同将各种物料按比例连续下料，利用物料的自重，通过特殊设计的动态计量系统、三级搅拌系统及计算机控制系统，实现了连续下料、连续搅拌、连续出料。系统采用光控传感器对系统电动机运行情况进行实时监控，传感器将电动机运行数据转化为信号发送至系统控制中心，确保系统运行在可控范围之内，保证了产品的质量，提高了整体工作效率。

技术指标：①产量大于或等于 80t/h；②混合机总功率 13.2kW；③骨料计量精度 ±0.5%；④粉料计量精度 ±0.5%；⑤粉尘排放标准小于或等于 $10mg/m^3$；⑥耗电量小于或等于 1kW·h/t。

南通邦顺建材科技发展有限公司项目。技术提供单位为江苏晨日环保科技有限公司。改造后，按生产每吨砂浆可节约用电 4.57kW•h，年产约 48 万 t 砂浆，则年可节约用电 219.4 万 kW•h，折合 746tce，按 0.9 元/（kW•h）工业用电算，节约电费 197.5 万元。该项目投资约 375 万元，投资回收期约 23 个月。预计未来 5 年，推广应用比例可达到 40%，可形成节能 16 万 tce/a，减排 CO_2 约 43.2 万 t/a。

（三）能效及节能量

2019 年，水泥、墙体材料、建筑陶瓷、平板玻璃产量分别为 23.3 亿 t、3982 亿块、21 956 万件、9.27 亿重量箱，其中，水泥单位产品能耗比上年下降 3kgce/t，平板玻璃比上年降低 0.2kgce/重量箱，砖、卫生陶瓷单位能耗比上年分别上升 0.5、3kgce/t；能耗的变化主要是产品工艺技术及流程的改善。综合考虑各主要建材产品能耗的变化，根据 2019 年产品产量测算，建材行业主要产品能耗及节能量测算见表 1-2-4。

表 1-2-4　　　　　　　　建材工业节能量测算结果

类　别		2015 年	2016 年	2017 年	2018 年	2019 年	节能量
水泥	产量（万 t）	234 796	240 295	231 625	217 667	233 036	699
	产品综合能耗（kgce/t）	125	123	123	121	118	
砖	产量（亿块）	5414	5698	5302	5008	3982	−52
	产品综合能耗（kgce/t）	49.0	48.2	48.1	48.0	48.5	
卫生陶瓷	产量（万件）	19 894	20 845	21 790	20 660	21 956	−3
	产品综合能耗（kgce/t）	630	625	623	623	626	
平板玻璃	产量（亿重量箱）	7.39	7.74	7.90	8.69	9.27	18.5
	产品综合能耗（kgce/重量箱）	13.2	12.8	12.4	12.2	12.0	
节能量总计（万 tce）							662.5

数据来源：国家统计局；国家发展改革委；工业和信息化部；中国建筑材料联合会；中国水泥协会。

注　一块标准砖重量约为 2.63kg；一件卫生陶瓷重量约为 40kg；产品综合能耗中的电耗按发电煤耗折算标准煤。

2.2.4 石化和化学工业

我国石化工业主要包括原油加工和乙烯行业，化工行业产品主要有合成氨、烧碱、纯碱、电石和黄磷。其中，合成氨、烧碱、纯碱、电石、黄磷、炼油和乙烯是耗能较多的产品类别。

在生产工艺方面，**乙烯**产品占石化产品的 75％以上，可由液化天然气、液化石油气、轻油、轻柴油、重油等经裂解产生的裂解气分出，也可由焦炉煤气分出，或由乙醇在氧化铝催化剂作用下脱水而成。**合成氨**指由氮和氢在高温高压和催化剂存在下直接合成的氨：首先，制成含 H_2 和 CO 等组分的煤气；然后，采用各种净化方法除去灰尘、H_2S、有机硫化物、CO 等有害杂质，以获得符合氨合成要求的 1：3 的氮氢混合气；最后，氮氢混合气被压缩至 15MPa 以上，借助催化剂制成合成氨。**烧碱**的生产方法有苛化法和电解法两种，苛化法按原料不同分为纯碱苛化法和天然碱苛化法；电解法可分为隔膜电解法和离子交换膜法。**纯碱**是玻璃、造纸、纺织等工业的重要原料，是冶炼中的助溶剂，制法有联碱法、氨碱法、路布兰法等。**电石**是重要的基本化工原料，主要用于产生乙炔气，也用于有机合成、氧炔焊接等，由无烟煤或焦炭与生石灰在电炉中共热至高温而成。

（一）行业概述

（1）行业运行。

2019 年，石化和化工主要产品产量总体平稳较快增长。其中，原油加工量 6.52 亿 t，比上年增长 13.6％，增速提高 6.8 个百分点；乙烯产量 2052.3 万 t，比上年增长 9.4％，增速提高 8.4 个百分点；烧碱产量 3464.4 万 t，比上年增长 0.5％，增速下降 2.2 个百分点；电石产量 2587.9 万 t，比上年减少 3.1％，增速下降 7.8 个百分点；纯碱产量 2887.7 万 t，比上年增长 7.6％，增速提高 12.9 个百分点；化肥总产量（折纯）5624.9 万 t，比上年增长 3.6％，增速提高 8.8 个百分点；合成氨产量 4693.1 万 t，比上年增长 3.3％，增速提高 7.7 个百分点。2012 年以来我国烧碱、乙烯产量情况，见

图 1 - 2 - 8。

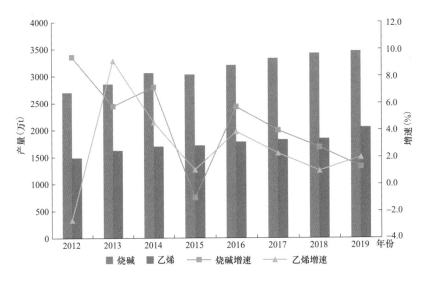

图 1 - 2 - 8 2012 年以来我国烧碱、乙烯产量增长情况

2019 年，行业增加值增速回升，但效益持续下降。行业全年增加值比上年增长 4.8%，增速较上年加快 0.2 个百分点，但低于全国规模工业增加值增幅 0.9 个百分点。行业营业收入 12.27 万亿元，比上年增长 1.3%，增速比上年下降 12.3 个百分点，为近 4 年来新低。全年实现利润总额 6683.7 亿元，比上年下降 14.9%，为近 4 年来首次负增长；行业营业收入利润率为 5.45%，比上年下降 1.04 个百分点；行业亏损面达 17.1%，亏损企业亏损额 1320.8 亿元，比上年扩大 9.7%。

（2）能源消费。

石化行业属于国民经济中高能耗的产业部门，其能耗占工业能耗的 25.7%，占全国能耗的 16.9%。行业内部的能源消费集中在包括能源市场加工和基本原材料制造的 12 个子行业部门，12 个行业包括原油加工和石油产品制造、氮肥制造、有机化学原料制造、石油天然气开采、无机碱制造、塑料和合成树脂制造、合成纤维制造等。这些子行业能源消耗之和超过行业总消耗的 90%。

随着产业转型升级步伐加快和节能降耗措施的持续推广应用，行业能耗水平持续下降。2019 年，多数重点产品单位能耗继续下降，包括原油加工、乙烯、电石、纯碱、合成氨在内的重点产品单位综合能耗分别比上年降低 2.65％、2.81％、2.14％、2.71％和 2.37％。行业能耗下降呈加快趋势，能源效率不断提升。

2019 年，石化和化学工业主要耗能产品能源消费情况为：炼油耗能 5753.0 万 tce，比上年增长 4.7％；乙烯耗能 181.1 万 tce，比上年增长 8.1％；合成氨耗能 6658.1 万 tce，比上年降低 2.9％；烧碱耗能 2971.2 万 tce，比上年增长 1.3％；纯碱耗能 929.5 万 tce，比上年增长 7.2％；电石耗能 812.4 万 kW·h，比上年减少 1.1％，见表 1-2-5。

表 1-2-5　　我国主要石油和化学工业产品产量及能耗

类　别		2013 年	2014 年	2015 年	2016 年	2017 年	2018 年	2019 年
主要产品产量	炼油（Mt）	478.60	502.80	522.00	541.00	567.77	603.57	651.98
	乙烯（Mt）	16.23	16.97	17.15	17.81	18.22	18.41	20.52
	合成氨（Mt）	57.45	57.00	57.91	57.08	49.46	47.19	46.93
	烧碱（Mt）	28.54	30.59	30.28	32.02	33.29	34.20	34.64
	纯碱（Mt）	24.29	25.14	25.92	25.85	27.67	26.20	28.88
	电石（Mt）	22.34	25.48	24.83	25.88	24.47	25.62	25.88
产品能耗	炼油（万 tce）	4446.2	4676.0	4802.4	4923.1	5144.0	5470.8	5753.0
	乙烯（万 tce）	1426.2	1459.4	1464.6	1499.7	1531.5	166.9	181.1
	合成氨（万 tce）	8801.3	8778.0	8657.5	8482.5	7237.7	6857.5	6658.1
	烧碱（万 tce）	2774.2	2903.0	2716.3	2814.3	2869.1	2932.3	2971.2
	纯碱（万 tce）	818.7	844.7	852.8	868.6	920.9	866.7	929.5
	电石（万 kW·h）	764.8	833.7	820.1	834.4	802.6	821.9	812.4

数据来源：国家统计局网站、中国石油和化工经济数据快报之产量分册，个别数据来自新闻报道。
注　产品综合能耗按发电煤耗折标准煤。

（二）主要能效提升措施

2019 年，石化和化工行业紧紧围绕行业供给侧结构性改革，推进产业结构、产品结构、布局结构调整，加大新型技术和装备的普及推广和传统行业的技术改造力度，完善行业园区的规范化管理，加快行业绿色化发展，推动行业能效水平持续提升。

（1）加快推进结构调整。在炼油领域，在逐渐加大对落后炼油产能的淘汰整合力度的同时，持续推进基地化、规模化、技术先进、"化主油辅"的大型炼化一体化项目建设。截至 2019 年，我国原油一次加工能力总规模已超 8.5 亿 t/年，炼厂大型化和深加工能力明显提升，千万吨级以上炼厂达 27 家，占全国炼油总能力的 42%，规模集中度、整体技术水平和产业链协同水平明显提高。

在化工领域，继续加大合成氨、化肥、纯碱、烧碱、电石等传统基础化工产品落后产能的淘汰力度，加快发展与电子信息、新能源及新能源汽车等战略新兴产业配套的高端无机化工产品、化学试剂等新材料、新产品。2019 年，化工新材料产业产值超过 6000 亿元，较 2015 年增长 1.5 倍，聚氨酯及原料基本实现自给，氟硅树脂、热塑性弹性体、功能膜材料等自给率近 70%，部分国产先进材料的市场占有率大幅提升。在产量扩大而效益下滑的情况下，行业结构的加快调整提升了产能利用率。2019 年，化学原料和化学制品制造业为 75.2%，比上年上升 1.0 个百分点。

（2）持续深化能效管理。化工园区规范化发展是近几年的行业重点任务，特别是江苏响水"3·21"特别重大爆炸事故加速了化工行业整治步伐。4 月，江苏彻底关闭响水化工园区并出台《江苏省化工产业安全环保整治提升方案》，规定到 2020 年底，全省化工生产企业数量减少到 2000 家，到 2022 年，全省化工生产企业数量不超过 1000 家。河南省 4 月公布的贯彻落实中央环境保护督察"回头看"及大气污染问题专项督察反馈意见整改方案也提出，禁止传统煤化工等行业新建、扩建单纯新增产能、新增化工园区，有序推进重污染企业搬迁改造或关闭退出，化工等重污染企业退城入园工程。广东开展 54 个化工园区安全风险评估，取消 23 个不具备安全条件的园区定位，对保留的 31 个园区按照"一园一策"原则，严格实行治理整顿。河北省 11 月对环京津的 38 个化工园区、831 家化工企业逐一进行安全评估，取消 7 个园区的化工园区功能定位，关闭取缔74家不合格企业。

2019年6月，生态环境部印发《重点行业挥发性有机物综合治理方案》，提出综合治理石化行业、化工行业等六大重点行业挥发性有机物（VOCs），并对京津冀及周边、长三角和汾渭平原三大重点区域提出了更为严格的治理要求。江苏、山东、河南、陕西等多个省相继出台了专项执法行动、加大化工行业综合整治、制订地方环境标准体系等形式的相应政策法规。

2019年4月，中国石油和化学工业联合会印发《2019年中国石油和化学工业联合会推进绿色发展总体实施方案》，就加大绿色发展理念宣传力度，继续推动供给侧结构性改革，开展安全环保提升专项行动，完善和优化绿色标准化体系，深化绿色制造示范体系建设，加快绿色技术、工艺和装备的研发、示范与推广，深入推进解决突出环境问题，加快推动化工园区绿色发展制定了工作重点和实施方案。

化工园区加快绿色化发展

实施绿色可持续发展战略，推进产业结构优化升级和发展方式绿色转型已经成为行业发展重点。随着危化品企业搬迁入园、环保督察以及散乱污企业的退出，化工园区成为行业转型升级与绿色发展的重要载体。

为深入贯彻落实《国家发展改革委 工业和信息化部关于促进石化产业绿色发展的指导意见》文件精神，在2019年7月，中国石油和化学工业联合会依据《绿色化工园区认定管理办法（试行）》，启动了2019年绿色化工园区的申报和认定工作。在11月的"2019中国化工园区可持续发展大会"上，中国石油和化学工业联合会公布了包括上海化学工业区6家园区在内"2019年绿色化工园区"和包括江苏泰兴经济开发区6家园区在内的"2019年绿色化工园区（创建单位）"名单。这些园区规范建设、产业发展、资源利用、生态环保和绿色管理等方面表现领先并发挥了标杆示范作用。

"十三五"规划实施以来，化工园区抓住企业搬迁入园的机会，淘汰了一批无效产能，改造了一批低端和落后产能，引进建设了一批先进产能，大大提升了化工产业的绿色化水平，涌现了上海化学工业经济技术开发区、惠州大亚湾经济技术开发区等为代表的产值千亿级的园区。这些园区普遍在资源配置、原料多元化、产业链延伸、发展循环经济等方面取得了长足的进步，同时还涌现了一批以化工新材料、高端精细化工、现代煤化工等为发展方向的产业特色突出、产业链相对完整的化工园区。

中国石油和化学工业联合会表示，为进一步发挥园区绿色标杆的示范作用，未来将继续开展化工园区的绿色评价工作，实现在 2020 年树立 20 家绿色化工园区标杆的目标，并在"十四五"末期，推动 60 家以上化工园区完成绿色化工园区创建工作。

(3) 研发推广新技术带来行业能效提升潜力巨大。石化和化工领域技术节能持续发挥着重要作用。例如，**高效低能耗合成尿素工艺技术**，全冷凝反应器提高副产蒸汽的品位，分级利用蒸汽及蒸汽冷凝液，降低蒸汽消耗、降低了循环冷却水消耗，适用于合成氨、尿素行业节能技术改造，预计未来 5 年，在行业推广应用可达到 16%，可形成节能 84 万 tce/a，减排 CO_2 达 226.8 万 t/a；**钛白联产节能及资源再利用技术**，采用钛白粉生产工艺对蒸汽的需求与硫酸低温余热回收生产蒸汽并发电的工艺技术紧密结合进行联合生产，同时将钛白粉与钛矿、钛渣混用技术以及连续酸解的工艺技术、钛白粉生产 20% 的稀硫酸的浓缩技术与硫酸铵及聚合硫酸铁的工艺技术、钛白粉生产系统 20% 的稀硫酸的钪金属的技术、钛白粉生产水洗过程低浓度酸水与建材产品钛石膏的工艺技术等有机地联系起来，形式一个联合生产系统，预计未来 5 年，推广应用比例可达到 50%，可形成节能 238 万 tce/a，减排 CO_2 642.6 万 t/a；**硫酸低温热回收技术**，采用高温高浓酸吸收，将吸收酸温提到 180～200℃，硫酸浓度到 99%

以上，然后在系统中用蒸汽发生器替代循环水冷却器，将高温硫酸的热量传给蒸汽发生器中的水产生蒸汽，预计未来 5 年，推广应用比例可达到 30%，可形成节能 65.8 万 tce/a，减排 CO_2 达 177.66 万 t/a；**高效大型水煤浆气化技术**，以气化为基础的煤转化技术把煤转化成燃料和化学品，能够降低煤炭常规排放量和对于进口石油和天然气的依赖度，与国际先进技术相比，该技术有效气成分提高 3 个百分点，碳转化率提高约 4 个百分点，比氧耗降低 10.2%，比煤耗降低 2.1%，技术指标国际领先，该技术在行业推广比例预计可达 15%，节能能力达到 162.3 万 tce/a。

（三）能效及节能量

2019 年，炼油、乙烯、合成氨、烧碱、纯碱产品单位能耗分别为 88、817、1419、858、322kgce/t，电石单耗为 3139kW·h/t，除烧碱外，所有产品单耗均有所下降，见表 1-2-6。相比上年，2019 年炼油加工、乙烯、合成氨、烧碱、纯碱和电石生产节能量分别是 181.06 万、52.99 万、161.63 万、-1.19 万、25.89 万、518.77 万 tce；石油工业实现节能约 234.05 万 tce，化学品工业实现节能约 705.1 万 tce，合计 939.15 万 tce。

表 1-2-6　　2019 年我国石化和化学工业主要产品节能情况

产　品		2014 年	2015 年	2016 年	2017 年	2018 年	2019 年	2019 年节能量（万 tce）
石油工业能耗（万 tce）		6062.7	6267.0	6214.8	6675.5	6965.0	7430.1	234.05
炼油	加工量（Mt）	502.80	522.00	541.00	567.77	603.57	651.98	181.06
	单耗（kgce/t）	93	92	91	91	91	88	
乙烯	产量（Mt）	16.97	17.15	17.81	18.22	18.41	20.52	52.99
	单耗（kgce/t）	860	854	842	841	841	817	
化学品工业能耗（万 tce）		35 376	35 306	35 313	31 402	23 507	34 281	705.10
合成氨	产量（Mt）	57	57.91	57.08	49.46	47.19	46.93	161.63
	单耗（kgce/t）	1540	1495	1486	1463	1453	1419	

续表

产　品		2014 年	2015 年	2016 年	2017 年	2018 年	2019 年	2019 年节能量（万 tce）
烧碱	产量（Mt）	30.59	30.28	32.02	33.29	34.20	34.64	−1.19
	单耗（kgce/t）	949	897	879	862	857	858	
纯碱	产量（Mt）	25.14	25.92	25.85	27.67	26.20	28.88	25.89
	单耗（kgce/t）	336	329	336	333	331	322	
电石	产量（Mt）	25.48	24.83	25.88	24.47	25.62	25.88	518.77
	单耗（kW•h/t）	3272	3303	3224	3279	3208	3139	

数据来源：国家统计局；工业和信息化部；中国石化和化学工业联合会；中国电力企业联合会；中国化工节能技术协会；中国纯碱工业协会；中国电石工业协会。

注　产品综合能耗按发电煤耗折标准煤。

2.3　电力工业节能

电力工业作为国民经济发展的重要基础性能源工业，是国家经济发展战略中的重点和先行产业，也是我国能源生产和消费大户，属于节能减排的重点领域之一。2019 年，全国完成电力投资合计 8295 亿元，比上年增长 1.6%。其中，电网建设投资 5012 亿元，比上年下降 6.7%；电源投资 3283 亿元，比上年增长 17.8%[❶]。

（一）行业概述

（1）行业运行。

2019 年，我国电力工业继续保持较快增长势头，电力供应和电网输送能力进一步增强，电源和电网结构进一步优化。电源建设方面，截至 2019 年底，全国全口径发电装机容量达到 20.1 亿 kW，比上年增长 5.8%，增速比上年回落

---

❶　投资、发电装机容量、发电量数据来源为中国电力企业联合会发布的《2020 年中国电力行业年度发展报告》，下同。

0.7 个百分点；全国全口径发电量 73 269 亿 kW•h，比上年增长 4.7%，增速比上年降低 3.6 个百分点。电网建设方面，截至 2019 年底，全国电网 220kV 及以上输电线路回路长度为 75.5 万 km，比上年增长 4.1%，220kV 及以上变电设备容量为 42.7 亿 kV•A，增长 5.7%。

从新增装机容量来看，2019 年，全国新增发电装机容量 10 500 万 kW，比上年少投产 2285 万 kW。其中，水电、火电、核电、风电和太阳能新增装机容量分别为 445 万、4423 万、409 万、2572 万、2652 万 kW，水电、核电、太阳能比上年降低 48.20%、53.73% 和 41.39%，火电和风电比上年分别增长 0.98% 和 20.92%。我国电源与电网发展情况见表 1 - 2 - 7。

表 1 - 2 - 7　　　　　　　我国电源与电网发展情况

类　　别		2015 年	2016 年	2017 年	2018 年	2019 年
年末发电设备容量（GW）		1525.27	1650.51	1777.08	1900.12	2010.06
其中：水电		319.54	332.07	343.59	352.59	358.04
火电		1005.54	1060.94	1104.95	1144.08	1189.57
核电		27.17	33.64	35.82	44.46	48.74
风电		130.75	147.47	163.25	184.27	209.15
发电量（TW•h）		5740.0	6022.8	6417.1	6994.7	7326.6
其中：水电		1112.7	1174.8	1193.1	1232.1	1302.1
火电		4230.7	4327.3	4555.8	4924.9	5046.5
核电		171.4	213.2	248.1	2950	3487
风电		185.6	240.9	303.4	3658	4053
220kV 及以上	输电线路（万 km）	61.09	64.2	69	73	76
	变电容量（亿 kV•A）	31.32	34.2	40.3	40.3	42.64

数据来源：中国电力企业联合会。

（2）能源消费。

电力工业消耗能源总量占一次能源消费总量的比重下降。 2019 年，全国 6000kW 及以上电厂消耗能源量为 15.6 亿 tce，比上年增长 4.5%，占全国一次能源消费总量的比重为 32.1%，占比比上年下降 1.3 个百分点。

厂用电量增速高于发电量增速，线损电量增速低于供电量增速。2019 年，全国发电厂厂用电量为 3274 亿 kW·h，比上年增长 6.3%，发电量比上年增长 4.75%，高于发电量增速；全国线路损失电量为 3724 亿 kW·h，比上年降低 0.34%，供电量比上年增长 5.59%，低于供电量增速。

电力行业朝着更加绿色方向发展。由于煤炭消耗量大，电力行业是节能减排的重点行业。2019 年我国的电力烟尘、二氧化硫、氮氧化物排放量分别约为 18 万 t、89 万 t、93 万 t，分别比上年下降约 12.2%、9.7%、3.1%。全国火电厂单位发电量耗水量 1.21kg/（kW·h），比上年下降 0.02kg/（kW·h）；全国单位火电发电量二氧化碳排放约 838g/（kW·h），比上年下降 3g/（kW·h）；单位发电量二氧化碳排放约 577g/（kW·h），比上年下降 15g/（kW·h）。截至 2019 年底，达到超低排放限值的煤电机组约 8.9 亿 kW，约占全国煤电总装机容量 86%[1]。

（二）主要能效提升措施

2019 年，我国电力工业节能减排取得了显著成就，所采取的能效提升措施主要包括以下几个方面：

（1）非化石能源发电装机和发电量均保持较快增长，继续延续绿色低碳发展趋势。

截至 2019 年底，火电装机容量占比下降到 59.2%，比上年降低 1 个百分点，煤电装机容量占比下降到 51.8%，比上年降低 1.3 个百分点。非化石能源发电装机比重和发电量比重持续提高。非化石能源装机容量达到 8.42 亿 kW，比上年增长 8.87%，占总装机比重的 42.0%，比上年提高 1.2 个百分点；在发电量方面，水电、核电、并网风电、并网太阳能发电量比上年增长为 5.7%、18.2%、10.8%、26.4%，发电量占全国发电量比重分别为 17.8%、4.8%、5.5%、3.1%。非化石能源发电量 23 927 亿 kW·h，占全国发电量的比重为

---

[1] 中国电力企业联合会发布的《2020 年中国电力行业年度发展报告》。

32.6%，比上年提高了1.7个百分点。

（2）火电继续向着大容量、高参数、环保型方向发展，利用效率不断提高。

截至2019年底，火电单机30万kW及以上机组容量占比超过80%，达到80.5%，比上年提高1.4个百分点，比2010年累计提高7.8个百分点；火电单机100万kW及以上容量等级机组容量占比继续提高，占比为12.0%，比上年提高2.4个百分点。全国6000kW及以上火电厂供电标准煤耗306.9g/（kW·h），比上年降低0.7g/（kW·h），煤电机组供电煤耗水平持续保持世界先进水平。根据中电联对25家主要发电企业火电机组调查情况，100万kW及以上机组等级的火电利用小时数最高，为4787h，10万kW至不足20万kW容量等级机组的利用小时数最低，且比上年下降最多，下降523h。❶

（3）深入推进煤电节能升级改造、淘汰落后产能。

2019年，电力行业积极推进煤电节能升级改造、淘汰落后产能等工作。国家能源局2019年颁布《2019年煤电行业淘汰落后产能目标任务的通知》中明确要求煤电行业淘汰落后产能目标任务为866.4万kW。广东、河南、新疆生产建设兵团计划淘汰落后产能容量位居前三位，分别为226.7万、160.8万、88.8万kW。《关于深入推进供给侧结构性改革进一步淘汰煤电落后产能促进煤电行业优化升级的意见》中指出要有力有序淘汰煤电落后产能，对七大类燃煤机组（含燃煤自备机组）实施淘汰关停。发电企业紧扣自身业务发展战略和需求，加强核心关键技术攻关，着重在绿色煤电、智能发电、智慧企业建设等方面进行深入研发，在机组综合提效、深度调峰、多污染物协同脱除及资源化利用等方面开展课题研究。同时把握前沿技术，在百万级机组DCS国产化、超高参数高效率燃煤发电技术、新型能源技术、二氧化碳捕集及利用、高效储能及分布式能源互联技术等方向开展先导性研究，并着眼智能化、智慧化发展趋势，重点在智能化结合生产集成创新、5G＋产业融合创新等开展应用型研究。

---

❶ 中国电力企业联合会发布的《2020年中国电力行业年度发展报告》。

2019 年，世界首台 66 万 kW 超超临界循环流化床锅炉项目立项，大唐郓城
630℃超超临界二次再热国家电力示范项目开工建设，首台自主研发的 F 级
50MW 重型燃机点火成功，"华龙一号"全球首堆完成首炉核燃料接收，国内
首个一体化直流共享实验室落成。

（4）加强专项监管，推动弃风、弃光电量进一步降低。

国家能源局发布《2019 年重点专项监管报告》指出，2019 年，全国清洁能
源消纳整体形势持续向好，弃电量、弃电率实现"双降"，消纳空间不断拓展。
数据显示，2019 年，全国主要流域弃水电量约 300 亿 kW·h，水能利用率
96％，比上年提高 4 个百分点。全国弃风电量约 169 亿 kW·h，平均弃风率
4％，比上年下降 3 个百分点。全国弃光电量约 46 亿 kW·h，平均弃光率 2％，
比上年下降 1 个百分点。同时，通过电力辅助服务市场深度挖掘系统调峰能力
3100 万 kW，促进清洁能源电量增发 850 亿 kW·h，相当于少消耗 2600 万 tce，
少排放二氧化硫 1.7 万 t、氮氧化物 1.6 万 t。

（三）能效提升及节能量情况

2019 年，全国 6000kW 及以上火电机组供电煤耗为 306.9gce/（kW·h），
比上年降低 0.7gce/（kW·h）；全国线路损失率为 5.93％，比上一年降低 0.34
个百分点。我国电力工业主要指标见表 1-2-8。

表 1-2-8　　　　　　　　我国电力工业主要指标

指　标	2015 年	2016 年	2017 年	2018 年	2019 年
供电煤耗［gce/（kW·h）］	315	312	309	307.6	**306.9**
发电煤耗［gce/（kW·h）］	297	294	294	289.9	**288.8**
厂用电率（％）	5.09	4.77	4.80	4.69	**4.67**
其中：火电（％）	6.04	6.01	6.04	5.95	**6.03**
线路损失率（％）	6.64	6.49	6.48	6.27	**5.93**
发电设备利用小时（h）	3969	3797	3790	3880	**3828**
其中：水电（h）	3621	3619	3597	3607	**3697**
火电（h）	4329	4186	4219	4378	**4307**

数据来源：中国电力企业联合会。

与 2018 年相比，综合发电和输电环节节能效果，加上因弃风弃光电率降低产生的节能效益，2019 年电力工业生产领域实现节能量 1416 万 tce。

2.4 工业能效及节能量

与 2018 年相比，2019 年制造业 13 种产品单位能耗下降实现节能量约 2216 万 tce，这些高耗能产品的能源消费量约占制造业能源消费量的 70%，据此推算，制造业总节能量约为 3166 万 tce，见表 1-2-9。再考虑电力生产节能量 1416 万 tce，2019 年与 2018 年相比，工业部门实现节能量约为 4582 万 tce。

表 1-2-9　　　中国 2019 年制造业主要高耗能产品节能量

| 类别 | 产品能耗 | | | | | | 2019 年 | | 2019 年节能量（万 tce） |
	单位	2015 年	2016 年	2017 年	2018 年	2019 年	产量	单位	
钢	kgce/t	572	586	571	555	553	996.0	Mt	598
电解铝	kW·h/t	13 562	13 599	13 577	13 555	13 531	35.04	Mt	10
铜	kgce/t	372	337	321	313	226	9.78	Mt	5
水泥	kgce/t	125	123	123	121	118	233 036	万 t	699
卫生陶瓷	kgce/t	630	625	623	623	626	21 956	万件	-3
砖	kgce/t	49.0	48.2	48.1	48.0	48.5	3982	亿块	-52
平板玻璃	kgce/重量箱	13.2	12.8	12.4	12.2	12.0	9.27	亿重量箱	19
炼油	kgce/t	92	91	91	91	88	651.98	Mt	181
乙烯	kgce/t	854	842	841	841	817	20.52	Mt	53
合成氨	kgce/t	1495	1486	1463	1453	1419	46.93	Mt	162
烧碱	kgce/t	897	879	862	857	858	34.64	Mt	-1
纯碱	kgce/t	329	336	333	331	322	28.88	Mt	26

续表

类别	产 品 能 耗						2019 年			2019 年节能量（万 tce）
	单位	2015 年	2016 年	2017 年	2018 年	2019 年	产量	单位	
电石	kW·h/t	3303	3224	3279	3208	3139	25.88	Mt	519
合计					2216				

数据来源：国家统计局，《中国统计年鉴 2020》；国家发展改革委；工业和信息化部；中国电力企业联合会；中国钢铁工业协会；中国有色金属工业协会；中国建材工业协会；中国水泥协会；中国陶瓷工业协会；中国石油和化学工业联合会；中国化工节能技术协会；中国纯碱工业协会；中国电石工业协会。

注　1. 产品综合能耗均为全国行业平均水平。

　　2. 产品综合能耗中的电耗按发电煤耗折标准煤。

　　3. $1111m^3$ 天然气＝1toe。

3

建筑节能

本章要点

(1) 我国建筑面积持续增长。2019 年，竣工房屋建筑面积 40.2 亿 m^2，其中住宅竣工面积为 6.8 亿 m^2；房屋施工规模达 144.16 亿 m^2，其中住宅施工面积为 62.7 亿 m^2。

(2) 绿色建筑面积占比提升。截至 2019 年底，全国城镇累计建设绿色建筑面积 50 亿 m^2，2019 年城镇新增已竣工绿色建筑面积 13.72 亿 m^2，占当年城镇新建民用建筑比例超过 65%。

(3) 建筑业总产值快速增长。2019 年，全国建筑业总产值达 24.8 万亿元，比上年提高 5.8%，增速与 2018 年相比下降 4.2 个百分点，增速呈现下滑趋势。

(4) 节能改造成效显著。截至 2019 年底，全国城镇新建建筑全面执行节能强制性标准，累计建成节能建筑面积超过 198 亿 m^2，占城镇既有建筑面积比例超过 56%。2019 年城镇新增节能建筑面积 21 亿 m^2。2019 年建筑领域通过对既有建筑实施节能改造、利用可再生能源等节能措施，合计实现节能量 3992 万 tce。其中，全国新建建筑执行强制性节能设计标准形成年节能能力约 1865 万 tce，既有居住建筑节能改造形成年节能能力约 427 万 tce。

3.1 综述

3.1.1 行业运行现状

近年来，随着我国建筑业企业生产和经营规模的不断扩大，建筑业总产值持续增长，2019 年达到 248 445.77 亿元，比上年增长 5.68%，增速比上年降低了 4.20 个百分点。

2019 全年全社会建筑业实现增加值 70 904 亿元❶，比上年增长 5.6%，增速上升了 0.8 个百分点。建筑业增加值增速低于国内生产总值增速 0.5 个百分点。建筑业增加值占国内生产总值的 7.16%，较上年上升了 0.04 个百分点，达到了近十年最高点。近年来全国建筑业增加值变化情况如图 1-3-1 所示。

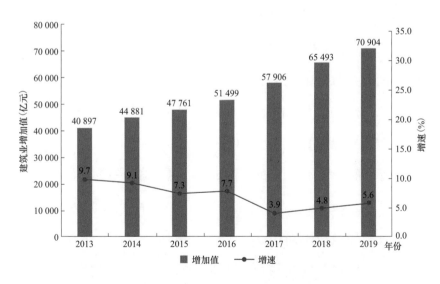

图 1-3-1 近年来全国建筑业增加值变化情况

---

❶ 部分数据来源：《中华人民共和国 2019 年国民经济和社会发展统计公报》和《2019 年建筑业发展统计分析报告》。

自 2010 年以来，建筑业增加值占国内生产总值的比例始终保持在 6.6% 以上。2019 年达到了 7.16% 的近十年最高点，在 2015、2016 年连续两年下降后连续三年出现回升，建筑业国民经济支柱产业的地位稳固。2010－2019 年建筑业增加值占国内生产总值比重如图 1-3-2 所示。

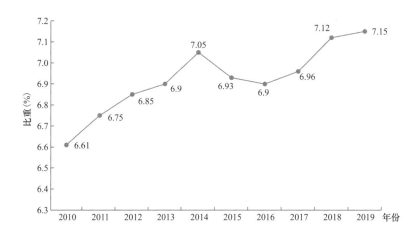

图 1-3-2　2010－2019 年建筑业增加值占国内生产总值比重

2019 年，全国建筑业企业房屋施工面积 144.16 亿 m²，比上年增长 2.32%，增速下降 4.64 个百分点。竣工面积 40.24 亿 m²，比上年下降 2.68%，连续三年负增长。房屋施工面积增长，竣工面积连续三年出现下降，全国房屋竣工面积中，住宅占比最重，接近七成。

从全国建筑业企业房屋竣工面积构成情况看，住宅竣工面积占比最大，占比为 67.36%；厂房及建筑物竣工面积占 12.2%；商业及服务用房屋竣工面积占 7.11%；办公用房屋竣工面积占 4.77%；科研、教育和医疗用房屋竣工面积占 4.49%；文化、体育和娱乐房屋竣工面积占 1%；仓库竣工面积占 0.59%。全国建筑施工、竣工房屋面积及变化情况，见表 1-3-1。

建筑碳排放总量主要影响因素包括城镇人口数、地区生产总值等。2019 年年末全国内地总人口 140 005 万人，比上年末增加 467 万人，其中城镇常住人口 84 843 万人，占总人口比重（常住人口城镇化率）为 60.60%，比上年末提高

表 1 - 3 - 1　　　　　　　全国建筑施工、竣工房屋面积及变化情况

年份	建筑业房屋建筑面积：施工面积（万 m²）	住宅（万 m²）	施工面积较上年增加（%）	建筑业房屋建筑面积：竣工面积（万 m²）	住宅（万 m²）	竣工建筑面积较上年增加（%）
2000	160 141.1	48 304.93		80 714.9	18 948.45	
2005	352 744.7	127 747.65		159 406.2	40 004.49	
2010	708 023.51	314 942.59		277 450.22	61 215.72	
2011	851 828.12	388 438.59	20.31	316 429.28	71 692.33	14.04
2012	98 6427.45	428 964.05	15.8	358 736.23	79 043.2	13.37
2013	1 132 002.86	486 347.33	14.75	401 520.93	78 740.62	11.92
2014	1 249 826.35	515 096.45	10.4	423 357.3	80 868.26	5.43
2015	1 239 717.6	511 569.52	− 0.8	420 784.9	73 777.36	− 0.6
2016	1 264 219.9	521 310.22	1.97	422 375.7	77 185.19	0.37
2017	1 317 195	536 433.96	4.19	419 074	71 815.12	− 0.78
2018	1 408 920.41	569 987	6.96	413 508.79	66 016	− 1.33
2019	1 441 644.84	627 673	2.32	402 410.9	68 011	− 2.68

数据来源：国家统计局。

1.02 个百分点。户籍人口城镇化率为 44.38%，比上年末提高 1.01 个百分点。城镇化将带动基础设施、房地产等行业投资，推动钢铁、建材、化工、机械、有色金属等工业行业用电需求，促进乡村居民消费升级同时，农村人口向城市转移，需要新建住房、公用设施，消费更多能源。据不完全统计，平均一个农村人口转入城市，其能源消费水平将提升至原来的 3 倍。我国城乡人口变化情况如图 1 - 3 - 3 所示。

　　中国城镇化已进入中后期，但仍处于快速发展期。《中国住房存量报告：2019》显示，中国城镇化还有约 20 个百分点的空间。联合国经济和社会事务部预测中国到 2030 年约有 10.18 亿城镇人口，比目前新增 2 亿人。参照《国家人口发展规划（2016－2030 年）》，预计 2025 年我国常住人口城镇化率将分别达到 65%。根据联合国《世界城镇化发展展望 2018》，2030 年中国城市化率将达

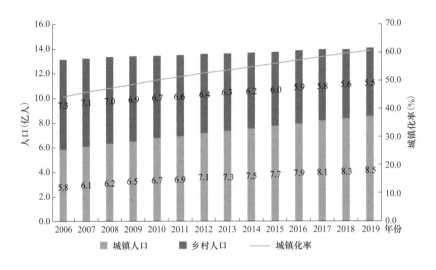

图 1-3-3 我国城乡人口变化情况

图表数据来源：国家统计局。

70.6%，2050 年达约 80%。据专家预判❶中国城镇人口峰值将在 2042 年左右达到约 10.4 亿人的峰值，其中 80% 将集聚在 19 大城市群，其中多数又将集聚在大都市圈。2019 年 2 月国家发展改革委发布《关于培育发展现代化都市圈的指导意见》，正式开启都市圈建设时代。新增城镇人口将带来基础设施、地产、新零售、医疗卫生、文化娱乐等多个领域的广泛需求，为我国经济发展提供重要引擎。国务院发展研究中心的数据表明：城镇化率每提高 1%，能源消费至少会增长 6000 万 tce。根据以上研判估计，2025 年可新增能源需求 2.6 亿标准煤。未来建筑节能的空间集中在能源需求较大的城市群、都市圈。

3.1.2 能耗现状及节能趋势

建筑、交通和工业是三大传统能源消耗领域。根据发达国家经验，随着城市发展，建筑将超越工业、交通等其他行业而最终居于社会能源消耗的首位。建筑行业在国民经济中具有比重较大、整体能源消耗较高、保持长期稳定增长

---

❶ 观点来源：新浪网《任泽平谈 2019 统计公报》。

的特点。联合国环境署可持续建筑和气候促进会（UNEP - SBCI）发布的《建筑与气候变化：决策者摘要》报告中指明：全球范围内的能源消耗，建筑业约占40%甚至更高，全球范围内的温室气体排放30%以上都和建筑业相关。欧盟的测算标准表明，建筑全过程对全球资源和环境的影响，在资源消耗方面能源为50%，水资源为42%，原材料为50%，耕地为48%；在污染方面，空气污染为50%，温室气体排放为42%，水污染为50%，固体废物为48%，氟氯化物为50%。政府间气候变化专门委员会（IPCC）的研究报告预测，截至2030年，全球建筑行业每年的CO_2减排能力在60亿t，在所有行业中减排能力最高。根据《中国建筑节能年度发展研究报告》的数据显示，中国建筑建造和运行相关二氧化碳排放占全社会总二氧化碳排放量的比例约为42%，其中建筑建造占比为22%，建筑运行为20%。2020年9月，我国提出了碳达峰和碳中和目标。减碳的三大措施为节能、替代和移除，其中节能是实现目标的最经济的手段。我国建筑能耗强度目前还低于各OECD国家。建筑业高速、粗放的发展模式具有很强的节能潜力，我国建筑节能工作道远任重。

建筑节能是指在建筑中合理使用和有效利用能源，不断提高能源利用效率。建筑节能具体是指在建筑物的规划、设计、新建（改建、扩建）、改造和使用过程中，执行节能标准，采用节能型的技术、工艺、设备、材料和产品，提高保温隔热性能和采暖供热、空调制冷制热系统效率，加强建筑物用能系统的运行管理，利用可再生能源，在保证室内热环境质量的前提下，减少供热、空调制冷制热、照明、热水供应的能耗。近年来我国建筑能耗占总能耗的比重逐步提升至30%。我国建筑能耗是相同气候条件发达国家建筑能耗的2~3倍，我国建筑面积整体持续增长，建筑能耗整体增速有所下降但仍保持增长趋势。未来我国建筑能耗仍会处于保持增长，建筑行业的节能减排量是我国节能减排总量的关键组成部分，建筑是实现碳中和目标的关键部门，对降低社会的总能耗起到重要的作用，建筑节能减排的任务十分艰巨。

公共建筑和城镇建筑是我国各类建筑中的两大主要耗能建筑，并且建筑能耗的主体从之前的城镇居住建筑逐渐转变为公共建筑。公共建筑体量大、能耗高，是建筑节能工作的重点。随着生活水平提高，大众对建筑室内环境的舒适度和服务水平的要求持续提升。冬季不仅是北方地区清洁取暖需求较大，南方地区对采暖的需求也逐年增加。同时，农村地区居住建筑的用能情况逐渐趋于城镇的用能情况。以上这些因素将推动我国各类建筑能耗的增长。截至2019年底，全国累计完成公共建筑能耗统计35.23万栋，总面积45.8亿 m^2，累计实施能耗监测建筑数量2.9万栋，总面积6.29亿 m^2；累计完成公共建筑能源审计1.67万栋，总面积3.66亿 m^2；累计完成能耗公示栋数4.02万栋，总建筑面积7.36亿 m^2，节能改造面积累计完成2.44亿 m^2，平均节能率超过10％。其中"十三五"期间，完成节能改造1.63亿 m^2。2008年以来，住房和城乡建设部会同财政部、教育部支持233所高校开展校园节能监管平台建设和100余所高校实施节水改造示范，截至2019年底，实现平均节能率超过15％。

2017年国家十部委联合发布《北方地区冬季清洁取暖规划（2017－2021年）》。政府选取了北方地区的多个重点耗能城市规划实施的试点城市。利用清洁能源供暖促进了北方冬季集中供热效率的提高，成为我国提高北部地区建筑节能的重要领域和途径。截至2019年取暖季结束，北方地区冬季清洁取暖率达到50.7％，略高于《北方地区冬季清洁取暖规划（2017－2021年）》中2019年清洁取暖率50％的中期目标，相比2016年提高12.5个百分点。其中城镇地区清洁取暖率68.5％，农村地区清洁取暖率24.0％，超额完成《北方地区冬季清洁取暖规划（2017－2021年）》中期目标，反映出近两年清洁取暖的推进力度很大。《京津冀及周边地区2017年大气污染防治工作方案》中确定了包括北京市、天津市和河北省、山西省、山东省、河南省的26个城市在内的"2＋26"重点城市作为京津冀大气污染传输通道。"2＋26"重点城市承担环保压力较大，但清洁取暖工作推进较快、力度大。截至2019年取暖季结束，"2＋26"重点城市清洁取暖率达到了72.0％，明显高于北方地区平均水平50.7％。城市地区清洁取暖率达到96％，县城和城乡接合部清洁取暖率达到75％，农村地区清洁取暖率为 43％，均超额完成《北方地区冬季清洁取暖规划（2017—2021 年）》中期目标。"2＋26"重点城市城镇地区（含城市城区、县城和城乡接合部）已经接近 2021 年《北方地区冬季清洁取暖规划（2017—2021 年)》目标，但农村地区离实现 2021 年清洁取暖率达到 60％的目标仍有一定差距。农村地区的房屋建筑保温对取暖效果及用能有较大影响。房屋保温性能较差导致的能耗损失不容忽视。农村地区可通过加强建筑墙体、门窗、屋顶的保温，以降低热量损耗，节省燃料消耗量，降低取暖成本。因此，在农村地区推广清洁取暖工作的同时需要配合建筑节能改造，不仅提高能效而且保障供暖效果。

截至 2019 年底，全国城镇累计建设绿色建筑面积 50 亿 m^2，2019 年城镇新增已竣工绿色建筑面积 13.72 亿 m^2，占当年城镇新建民用建筑比例超过 65％。截至 2019 年底，全国城镇新建建筑全面执行节能强制性标准，累计建成节能建筑面积超过 198 亿 m^2，占城镇既有建筑面积比例超过 56％，2019 年城镇新增节能建筑面积 21 亿 m^2。截至 2019 年底，全国城镇累计完成既有居住建筑节能改造面积超过 15 亿 m^2，2019 年完成改造面积 9916 万 m^2。

3.2 主要能效提升措施

2019 年我国建筑领域节能效果明显，所采取的主要能效提升措施包括以下几个方面：

(1) 能效标准不断提升。

我国建筑节能标准是以 1980—1981 年的建筑能耗为基础，基本上按上一阶段的基础上提高能效 30％为一个阶段。第一阶段节能是在 1980—1981 年的基础上节约 30％，简称为节能 30％的标准。第二阶段节能是在第一阶段节能的基础上再节约 30％，即 $30\%＋70\%×30\%＝51\%$，简称为节能 50％的标准。以此类推，第三阶段节能是在第二阶段节能的基础上再节约 30％，即 $50\%＋50\%×30\%＝65\%$，简称为节能 65％的标准。我国建筑节能标准化工作从 20 世纪 80

年代开始，从北方采暖地区居住建筑起步，逐步扩展到了夏热冬冷地区、夏热冬暖地区和公共建筑，建筑节能标准也依次从30％节能率、50％节能率发展到65％节能率。经过30～40年的发展，初步形成了以建筑节能专用标准为核心的独立建筑节能标准体系。2015年至今部分地区已经开始实行第四阶段节能标准，即在65％的基础上再节能30％，达到75％节能效果（75％节能标准可以简单理解为一个采暖季1m² 耗标准煤6.25kg以下）。

北京市发布《居住建筑节能设计标准》，将于2021年1月1日正式实施。该标准的发布意味着我国新建居住建筑将进入80％节能水平；此外，河北、山东均出台了被动式超低能耗建筑设计标准，这些超低能耗标准还只是推荐性标准，不强制建设企业必须执行。北京80％设计标准是强制标准，但凡新建的居住建筑，都必须参照执行。主要要求指标和技术标准见表1-3-2。

表1-3-2　北京80％设计标准主要修订的要求指标和技术内容

序号	指　　标	修订的技术内容
1	住宅建筑标准层层高不宜超过3.0m，不应超过3.3m	提高了建筑节能目标
2	新建居住建筑应设置太阳能光伏发电系统或太阳能热利用系统（必须与建筑设计、施工和验收统一同步进行）	提高了建筑围护结构热工性能，大幅提高了外窗的传热系数标准
3	地下车库等公共空间，宜设置导光管等天然采光设施	提出了规定性指标与性能化指标双控的要求
4	新增加保温部位（首层与土壤接触的地面、冻土线以上与土壤接触的外墙）	给出了建筑物供暖能耗指标和集中空调系统能效水平指标的性能化计算方法，并分别给出了限值的现行值与引导值，统一了能耗计算软件内核
5	创新技术指标"外表系数"	增加了外表系数的术语与限值
6	居住建筑室内主要供暖和空调设施应设置室温自动调控装置	加强了对供暖、通风和空调系统的节能设计要求
7	率先将节能率由75％提升至80％以上	修改了太阳能生活热水设置的判定条件，增加了生活热水热源选择的条文，增加了光伏发电的规定

该标准还附有若干节能设计判断文件、建筑热工和管道保温计算、外窗热工性能等资料。集中空调系统的冷源和空调系统的选择、设计，除执行此标准外，还应按现行国家标准《民用建筑供暖通风与空气调节设计规范》（GB 50736）和北京市地方标准《公共建筑节能设计标准》（DB 11/687）的有关规定执行。

为加快降低建筑能耗的效率，贯彻国家有关节约能源和保护环境的法规和政策，实现可持续发展的战略目标，进一步降低建筑能耗，部分省市施行75％节能标准，执行情况见表1-3-3。

表 1-3-3 各省建筑节能标准执行情况

地区	主 要 内 容
山东	山东省住房城乡建设厅、省质量技术监督局联合发布了《居住建筑节能设计标准》，确定全面实施75％节能标准
河北	自2015年5月1日起，河北省开始实施《被动式低能耗居住建筑节能设计标准》，严格执行75％居住建筑节能设计标准
浙江	浙江省住房和城乡建设厅批准了新修订的《浙江省居住建筑节能设计标准》自2015年10月1日开始实施
新疆	为进一步推进新疆建筑节能工作，新疆建设标准服务中心组织编制了《严寒（C）区居住建筑节能设计标准》，这项标准已于2015年起正式实施，为自治区推进居住建筑节能75％工作目标提供了技术依据
吉林	全省行政区域内新立项的居住建筑项目，执行"节能75％标准"；凡未在2020年6月30日以前通过施工图审查的新、改、扩建居住建筑项目，必须严格按照"节能75％标准"进行设计和审图
陕西	2020年3月23日，由陕西省住房和城乡建设厅、陕西省市场监督管理局联合发布的《西安市居住建筑节能设计标准》，于2020年5月10日正式实施
山西	山西省出台《绿色建筑专项行动方案》要求全省严格执行新建居住建筑75％节能地方标准，积极推广应用保温结构一体化技术

2019年住房和城乡建设部颁布实施的《近零能耗建筑技术标准》（GB/T 51350—2019）首次对零能耗建筑的概念和指标予以明确的界定。其中，"零能耗建筑"被定义为：室内环境参数与近零能耗建筑相同，充分利用建筑本体和周边的可再生能源资源，使可再生能源年产能大于或等于建筑全年全部用能的建筑。

2019年1月7日，住房和城乡建设部发布了"关于发布行业标准《严寒和寒冷地区居住建筑节能设计标准》的公告"。该标准称,自 2019 年 8 月 1 日起实施,已经对严寒和寒冷地区居住建筑节能率要求达到节能 65% 的标准。以严寒 A 区(1 月平均气温小于或等于− 10℃、7 月平均气温小于或等于 25℃、7 月平均相对湿度大于或等于 50%)为例,文件对最容易产生热量流失的外墙、外窗部分进行了严格的设定,要求严寒 A 区建筑 3 层楼及以下的外墙传热系数必须小于或等于 0.25、外窗传热系数必须小于或等于 1.4,4 层楼及以上的外墙传热系数必须小于或等于 0.35,外窗传热系数必须小于或等于 1.6。

住房和城乡建设部发布《建筑节能工程施工质量验收标准》(GB 50411−2019)于 2019 年 12 月 1 日正式实施,旨在统一建筑节能工程施工质量验收标准。

以上这些标准的实施,为进一步实现建筑节能奠定了基础,提供了支撑。

(2)绿色建筑奖补政策力度加大。

《绿色建筑评价标准》发布至今,30 余省市出台绿色建筑奖励政策,提高绿色建筑奖励标准,支持绿建发展。根据《建筑节能与绿色建筑发展"十三五"规划》,到 2020 年建筑超低能耗、近零能耗建筑项目达到 1000 万 m² 以上。建筑节能的发展方向是可再生能源应用,可再生能源电力是与未来建筑能源需求匹配度最高的能源形式,建筑光伏系统是未来建筑的发展趋势。BIPV(光伏建筑一体化)是解决近零能耗建筑用电用能需求的关键技术因素,随着近年来光伏产业链成本的快速降低使得光伏建筑具备商业化应用的价值。从早期的户用光伏走向 BIPV,行业由政策依赖走向无补贴时代,自发性市场需求的崛起将打开 BIPV 发展的广阔空间。绿色建筑补贴政策标准见表 1 - 3 - 4。

表 1 - 3 - 4 绿色建筑补贴政策标准

省市	政　　策	补　贴　标　准
北京	《北京市装配式建筑、绿色建筑、绿色生态示范区项目市级奖励资金管理暂行办法》(京建法〔2020〕4 号)	对满足专项标准并取得二星级、三星级绿色建筑运行标识的项目分别给予 50、80 元/m² 的奖励资金,绿色建筑单个项目最高奖励不超过 800 万元

续表

省市	政　　策	补　贴　标　准
天津	《天津市绿色建筑试点建设项目管理办法》	申报单位签署任务合同书，第一次拨付3万元。待项目验收合格后，第二次拨付2万元。最高不超过5万元
重庆	《重庆市绿色建筑项目补贴资金管理办法》	金级、铂金级绿色建筑标识的项目按项目建筑面积分别给予25元/m²和40元/m²的补助资金，不超过400万元
吉林	《吉林省建筑节能奖补资金管理办法》	三星级25元/m²，二星级15元/m²，一星级绿色建筑设计标识的项目将根据具体情况给予适当奖补。利用热泵技术供热制冷项目按照建筑面积奖补60元/m²
辽宁	《辽宁省绿色建筑行动实施方案》	对获得二星级及以上的绿色建筑项目和具备一定条件的绿色生态城区，按相关规定申请中央财政奖励
河北	《河北省建筑节能专项资金管理暂行办法》	二星级每平方米设计类5元、运行类10元；单个项目补助分别不超过30万、50万元；三星级每平方米设计类10元、运行类15元，单个项目补助分别不超过50万、70万元
山东	《山东省省级建筑节能与绿色建筑发展专项资金管理办法》	一星级15元/m²、二星级30元/m²、三星级50元/m²，单一项目最高不超过500万元
河南	《河南省绿色建筑行动实施方案》	对使用新型墙体材料，并获得绿色建筑星级评价三星、二星、一星的建筑，按政策规定及时返还已征收的新型墙体材料专项基金，并给予一定的容积率返还优惠
山西	《关于印发山西转型综改示范区绿色建筑扶持办法（试行）的通知》	绿色工业建筑项目：二星100元/m²，单个项目最高不超过200万元。三星150元/m²，单个项目最高不超过300万元。绿色民用建筑项目：三星100元/m²，单个项目最高不超过200万元。获评为近零能耗的建筑，按其地上建筑面积给予200元/m²奖励，单个项目最高不超过300万元
陕西	《关于加快推进我省绿色建筑工作的通知》	一星级、二星级、三星级的补贴为10、15、20元/m²

省市	政　策	补 贴 标 准
江苏	《关于推进全省绿色建筑发展的通知》	一星 15 元/m²。运行标识项目，在设计标识奖励标准基础上增加 10 元/m²
浙江	《浙江省深化推进新型建筑工业化促进绿色建筑发展实施意见》	对获得国家绿色建筑二星（含 2A 住宅性能认定）和三星（含 3A 住宅性能认定）标识的新型建筑工业化项目按规定给予财政奖励
湖北	《关于促进全省房地产市场平稳健康发展的若干意见》	对开发建设一星、二星、三星级绿色建筑，分别按绿色建筑总面积的 0.5%、1%、1.5%，给予容积率奖励
湖南	《湖南省绿色建筑行动实施方案》	对取得绿色建筑评价标识的项目，各地可在征收的城市基础设施配套费中安排一部分奖励开发商或消费者，对采用地源热泵系统的项目，在水资源费征收时给予政策优惠
云南	《云南省人民政府关于印发云南省降低实体经济企业成本实施细则的通知》	对认定的绿色供应链、绿色园区、绿色工厂、绿色产品和工业产品生态（绿色）设计示范企业给予 50 万～200 万元一次性奖励
新疆	《全面推进绿色建筑发展实施方案》	二星级 20 元/m²，三星级 40 元/m²。建筑面积超过 1万 m² 达到或优于国家标准的被动式建筑、超低能耗建筑、清洁能源应用建筑
宁夏	《宁夏回族自治区绿色建筑示范项目资金管理暂行办法》	一星级 15 元/m²，二星级 30 元/m²，三星级 50 元/m²，单一项目奖补资金最高不超过 100 万元。通过自治区验收评估的装配式建筑示范项目按照 100 元/m² 标准给予一次性奖补，单一项目奖补资金最高不超过 200 万元

（3）应用新型建筑材料及技术。

新型建筑材料是区别于传统建筑材料的新品种，主要包括新型墙体、防水密封、保温隔热和装饰装修材料四大类。随着建筑行业的不断发展、技术进步创新及各省份相关政策文件的相继出台，新型建筑材料展示出很好的发展前景和应用市场。新型建筑材料在轻质、高强度、保温、节能、节土、装饰等方面表现出优良特性，不但改善了房屋功能，而且推动了建筑施工技术现代化。

以门窗新技术为例，门窗是建筑围护结构的重要组成部分，是建筑物外围开口部位，也是房屋室内与室外能量阻隔最薄弱的环节。有关资料表明，通过门窗传热损失能源消耗约占建筑能耗的28%，通过门窗空气渗透能源消耗约占建筑能耗的27%，两者总计占建筑能耗的50%以上。由此可见，建筑节能的关键是门窗节能。我国首次研发的新型节能双层幕墙，真空玻璃双层幕墙不仅提升了双层幕墙的性能，而且成本与传统的中空玻璃双层幕墙相近，该材料和技术为建筑节能提供一条新的途径。我国是世界上第二个拥有真空玻璃生产产业化技术的国家。建筑立面的双层幕墙结构在建筑与周围生态环境之间可建立一个缓冲区域，既可以在一定程度上防止各种极端气候条件变化的影响，又可以促进使用者所需要的各种微气候调节手段的效果，为建筑系统提供良好的微气候环境，尽量满足使用者的各种生物舒适要求。双层幕墙设计和节能概念的结合体现在结构的保温、遮阳、隔热、舒适设计以及太阳能利用上，把生态节能、太阳能利用、人的舒适度等功能有机结合。双层幕墙还提升了传统的双层幕墙隔声、舒适、通风等方面的性能，标准真空玻璃的成本与中空玻璃相近。

（4）推广超低能耗建筑。

"被动房"是一种节能建筑，即是无需主动供应能量就能满足制冷和采暖需求的房屋，又被称"被动式超低能耗绿色建筑""超低能耗建筑"和"近零能耗建筑"。"被动房"建筑需要满足2条标准：①建筑每年的采暖能耗不超过$15kW \cdot h/m^2$；②建筑每年总能耗（采暖、空调、生活热水、照明、家电等）不超过$120kW \cdot h/m^2$。这个标准意味着"被动房"可以比传统住宅节能90%以上。

被动房具备了五个被动式的技术特点：被动窗、外墙保温、气密性、无冷热桥、新风一体机。被动房包含了其他与生活息息相关的配置方面的提升，包括健康净水、舒适厨卫、抗干扰隔声降噪、智能家居、电热膜辅助采暖等。被动房主要技术特点见表1-3-5。

表 1 - 3 - 5 被动房主要技术特点

技术特点	具体特征及内容
外墙保温系统	普通住宅的外保温一般 80～100mm 厚，而超低能耗住宅的外保温约 200～250mm，远远比普通住宅厚，大约是普通住宅的 2～3 倍。冬天的时候，室内的热量不会很快散失，具备更强的保温效果；夏天的时候，室外过多的热量不会大量进入室内，起到隔热效果。由于屋面、首层地面的超厚保温设置，也可避免顶楼烤热、一楼阴冷的现象
无冷热桥系统	所有的建筑在外面有空调板，有金属构件（如保温钉）与混凝土墙体相连，也有其他悬挑的构件，这些的传热系数都比较大，即为冷热桥金属构件与混凝土墙体之间通过隔热垫块，隔绝冷热桥的产生，避免混凝土墙体、金属构件、穿外墙管道等细节处热量流失，以及减少建筑的能耗需求，提升建筑的保温隔热性能
气密性	用防水透气膜、隔汽膜在缝隙的内外挨个贴每一个穿墙管道，每一个缝隙封一圈。 被动式住宅会由专业的气密性检测机构进行检测，保证房子的气密性达到特定标准，避免室外噪声、不干净的空气、灰尘等大量进入室内，打造一个无噪声、干净、健康的舒适居住环境
新风系统	在室内装新风一体机，让空气室内外循环起来，外面的空气经过过滤后进入室内，都要经过新风一体机过滤、净化处理，为房子内源源不断提供新鲜的氧气，达到恒氧的状态。新风一体机有高效热回收的功能，排出室外的空气会把热量留下，以加热新进来的空气，达到节能的效果
铝包木被动窗	窗户的外框是铝合金的，内框是木材，在保证室内美观的情况下，耐久性更好，三层玻璃的空腔内充的是惰性气体——氩气，木材低热传导特性，再加上窗框与窗扇之间的 4 道密封，共同降低了热传导，提升窗户的保温、隔热、密封效果，性能比普通外窗提升 1 倍。其隔声效果好，能营造一个温馨、没有噪声、干净的室内环境。铝包木被动窗玻璃采用全钢化玻璃，提高使用安全系数。同时在室外配置了铝合金窗台板，保护保温层的同时，防止雨水的侵入和积水

　　住房和城乡建设部发布《建筑节能与绿色建筑发展"十三五"规划》强调，"推进建筑节能和绿色建筑发展是落实国家能源生产和消费革命战略

的客观要求"，并要求到 2020 年，建设超低能耗、近零能耗建筑示范项目 1000 万 m² 以上。2019 年 9 月 1 日，《近零能耗建筑技术标准》（GB/T 51350－2019）正式实施。2019 年 10 月，第 23 届世界"被动房"大会在河北高碑店举办，位于高碑店的列车新城成为目前全球规模最大的被动式建筑住宅项目。

北京、河北、山东、江苏等地先后出台了被动式超低能耗绿色建筑的鼓励政策。雄安新区将其 90％左右的建筑规划为绿色节能的被动式建筑。"被动房"技术已从单体建筑发展为区域性社区，应用范围也从简单的居住建筑向办公楼、学校、幼儿园、超市等公共建筑发展。

近零能耗建筑经过 10 年的发展，《近零能耗建筑技术标准》（GB/T 51350－2019）、《近零能耗建筑测评标准》（T/CABEE 003－2019）已经实施，以国家标准形式建立适合我国国情的近零能耗建筑技术指标、检测、评价体系，试点示范案例节能减排效果显著。

中科九微半导体设备核心部件智能制造项目 1 号科研实验楼位于四川省南充市，为一栋三层办公建筑，超低能耗区域面积 5462.49m²。该项目较现行公建节能设计标准节能 50.96％。

项目技术创新点：非透明部分采用甲方自产的导热系数 0.006 W/（m·K）的真空保温装饰一体板与岩棉条组合的外保温体系；外窗为新型硬质聚氨酯保温芯材的断桥铝合金中空玻璃窗，西南向外窗安装电动遮阳可调节百叶，屋顶天窗配置卷帘遮阳，可自动开启，实现最大程度自然采光、通风及遮阳需求。屋面和建筑基础均实施双层防水防潮设计，应对该地区多雨气候。采用集中式和分散式的能源系统满足不同楼层使用需求，每层设置全热交换效率大于 70％的新风设备。建立完善的能耗计量和室内环境监测系统。采用高效空气源热泵提供生活热水。

(5）实施绿色高效制冷行动。

中国向国际承诺积极履行《联合国气候变化框架公约》及其《巴黎协定》，提高制冷行业能效标准。实施绿色高效制冷行动，是促进节能减排，应对气候变化，加快生态文明建设的重要措施，对推动行业高质量发展，形成强大国内市场，培育绿色发展新动能，落实国际减排承诺，深度参与全球环境治理具有重要意义。

我国是全球最大的制冷产品生产、消费和出口国，制冷产业年产值达8000亿元，吸纳就业超过300万人，家用空调产量全球占比超过80%，电冰箱占比超过60%。我国制冷用电量占全社会用电量15%以上，年均增速近20%，大中城市空调用电负荷约占夏季高峰负荷的60%，主要制冷产品节能空间达30%～50%。2019年国家发展改革委等7部委联合印发《绿色高效制冷行动方案》，要求大幅度提高制冷产品能效标准水平，强制淘汰低效制冷产品，主要制冷产品能效限值达到或超过发达国家能效准入要求，一级能效指标达到国际领先。加快合并家用定频空调和变频空调能效标准，修订多联式空调、商用冷柜、冷藏陈列柜、热泵机组、冷水机组、热泵热水器等产品的强制性能效标准。到2022年，我国家用空调、多联机等制冷产品的市场能效水平要在2017年的基础上提升30%以上，绿色高效制冷产品的市场占有率提高20%；到2030年，大型公共建筑制冷能效提升30%，制冷总体能效水平提升25%以上，绿色高效制冷产品的市场占有率提高40%以上，并要求到2022年和2030年，分别实现年节电约1000亿kW·h和4000亿kW·h。《绿色高效制冷行动方案》从强化标准引领、促进绿色高效产品供给和消费、推进节能改造、完善政策保障、强化监督管理等方面提出了任务要求。在强化标准引领方面，《绿色高效制冷行动方案》提出，要制修订公共建筑、工业厂房、数据中心、冷链物流、冷热电联供等制冷产品和系统的绿色设计、制造质量、系统优化、经济运行、测试监测、绩效评估等方面配套的国家标准或行业标准。在推进节能改造方面，要实施中央空调节能改造工程，支持在公共机构、大型公建、地铁、机场等重点领域，更新淘汰低效设备，运用智能管控、管路优化、能量回收、蓄能蓄冷、自然冷源、多能互补、自然通风等技术实施改造升级，在有条件的地方推广部分时间、部分空间的空调使用方式。

2019年12月31日，国家标准化委员会发布2019年第17号公告，其中包含《房间空气调节器能效限定值及能效等级》（GB 21455），在2020年7月实施，这个标准被称为"史上最严"空调新能效标准。"新能效标准"的实施聚焦"节能环保绿色发展"，在修订中统一了定频和变频空调的能效评价方法，采用更加合理的季节能效比来定级。后期新能效的实施将淘汰低能效、高耗电的定频空调和变频3级能效产品，加快高效空调推广和产品结构调整。

国家发展改革委启动绿色消费活动，引导和鼓励社会各界积极采购高效制冷产品。比如，国务院机关事务管理局率先在公共机构推广绿色高效制冷产品，海尔、格力、阿里巴巴、苏宁集团、京东商城、网易严选等企业也积极推广绿色高效制冷产品，开展绿色制冷产品消费让利活动，让节能带给消费者更多实惠。

（6）综合能源服务技术应用。

综合能源服务是一种新型的为满足终端客户多元化能源生产与消费的能源服务方式，利用智能终端、网络平台等基础设施，采用多能规划、多能协同运行、节能等技术，搭建综合能源服务平台，提供多能协同、能效管理、分布式能源和储能等服务。综合能源服务涵盖能源规划设计、工程投资建设、多能源运营服务以及投融资服务等方面。

随着大数据、超算、人工智能和5G物联网技术的发展，市场的开放，综合能源服务逐步发展，电力服务和公共制冷、供暖、供水等形成一个多样的体系，利用综合能源服务平台开展相关的资源产品的营销与相关增值服务，使得资源利用更加高效和智能。综合能源服务可以充分利用互联网物联网等高效传输系统，打破市场交易壁垒，直接面向不同的客户群体；可以进行市场化的高效资源回收利用，进行 PPP 模式的高效建设公共资源设施。此外还可以为不同用户提供定制化的个性能源服务。

综合能源服务离不开管控系统的支撑。一般情况下，管控系统具有电能生产、电能消费、电能存储、供水、供气、供热、能效分析、能耗分析、同步环比分析、最值分析、定额分析、异常分析和安全分析等一系列功能，涵盖云计算、大数据处理、数据融合、移动应用、协调优化控制以及信息安全等多种技术。主要分为以下四个方面的功能：①综合监测。利用多异质能源互补机理与源网荷协调优化技术，实现多能流协同优化调控、区域内的能量平衡与优化。综合监测采用横纵双向模式，横向包括"源网荷储"，即能源站监测、能源网监测、能源消费监测和储能设备监测等，纵向如能源生产可逐步发展至能源系统监测和能源设备监测。②优化调度。在综合监测信息分析基础上，在安全稳定约束下，将调度策略精确分解至各控制单元，实现各能源协调控制，灵活实现不同用户不同场景的综合能源优化调度。③能效分析。利用海量数据挖掘分析技术，实现面向不同用户的全景能源多重能效分析，具体有能耗计量、能耗分析、能耗查询、能耗警报和高级能效分析等功能。④智能运维。利用采集信息，通过状态估计和故障分析，对电能设备开展专业化智能运维，基于以上信息还可以对用户用能系统实现全方面代维管理，具有资产台账、运维信息、运维分析和智能运维等功能。

建筑领域是综合能源服务的重要领域。典型应用场景主要包括医院、学校、商业建筑等。医院的能源消耗形式包括冷、热、电、水、蒸汽、燃气、燃煤、燃油以及各种医用气体，其中主要消耗能源类型为电力及燃气。医院的能源消耗方式具有明显的地区性和季节性。医院各个部门所涉及的设备和系统不同，主要包括控制诊疗环境的空调系统和照明系统，提供诊疗服务的医疗设备，提供生活热水和消毒蒸汽的供热系统，提供其他服务的电梯、办公、生活、消防等系统。有研究表明，医院建筑能耗高于其他公共和民用建筑，是一般公共建筑的 1.6～2 倍，节能潜力较大。综合能源服务商可分析客户的冷、热、电、气的用能需求及特征，在多能协同的设计、建设、运维等多个环节提供综合服务，可使医院能效提升、用能量减少、用能成本下降。学校也是公共机构的重要组成部分。据统计，全国院校的能源消耗占据了社会总能耗的 10%，全国大学生人均能耗是全国居民人均能耗的 4 倍，校园蕴含着巨大的节能潜力。高校校园能耗主要有以下特点：一是建筑类型多，能耗种类多。校园不仅有教学楼、科研楼、行政办公楼等公共建筑，而且有宿舍楼等居住建筑和食堂、浴室等生活辅助建筑，建筑类型的多样化导致能耗种类的多样化。二是能耗具有明显的季节性。高校在 1 月下旬到 2 月中旬和 7 月上旬到 8 月下旬放寒、暑假，因此校园能耗会明显下降。大型商业建筑节能是我国建筑节能的重点领域。以北京市为例，现有 500 多幢的大型公共建筑，虽然数量上仅占全市总建筑面积的 5% 左右，但用电量已和全市所有住宅的用电量相当。商业建筑与住宅建筑相比，在能耗设备、能耗量和产权结构上都有很大的区别。商业建筑能耗设备多，主要包括采暖设备、空调系统、照明系统、热水供应系统、电梯、办公设备等，其中，空调系统和照明系统的能耗比重最大，主要以电力为主。通过综合能源服务可以优化这些建筑的用能。

部分城市已经开始以合同能源管理模式进行公共建筑节能改造，并出台了激励政策，初步形成了市场机制为主、政府引导为辅的公共建筑节能改造模式。重庆、上海、深圳等城市 70% 以上的示范项目都是采用合同能源管理模式。上海、青岛等城市实施差别化奖补政策引导合同能源管理模式节能改造和高节能率改造。重庆、青岛等城市规定，合同能源管理模式改造项目所获奖补资金由节能服务和业主单位按 8∶2 分享。

　　某商业办公园区，建筑总面积约 4 万 m^2，以高端办公建筑为主，建筑能耗比较大，每月的能源费用达到 50 万～70 万元。园区建设了能源管理平台，完善了园区的能耗计量体系，实现了能耗统计分析、基于数据的能效诊断以及运行优化等功能。根据平台分析结果，调整运行策略和改善用电习惯，系统在园区投运以来获得收益如下：

　　（1）提升能源管理能力。通过园区能耗的自动采集和统计报表分析，降低了园区能耗管理的工作量，提高了工作效率，为园区能源节省 50% 以上的运维人力成本。通过园区能源设备的监视，提高了用户对于园区机电设备的管理和运维能力，提高了园区机电设备的运维水平以及供电可靠性。

　　（2）降低建筑能耗。通过能效分析和诊断等功能发掘了园区能耗的异常点，通过优化管理降低园区的整体能耗，根据统计，投运后园区整体能耗平均降低了 10%～15% 左右。

　　（3）降低用能成本。通过节能管理以及峰谷优化等功能，降低了建筑的用能成本，根据统计，自投运以来，园区每月的能源费用降低了 5 万元以上。

（7）绿色金融支持绿色建筑。

　　我国绿色金融增长的速度非常快，主要有绿色信贷、绿色债券和碳交易三大板块。其中，绿色信贷因起步早、规模大。到 2019 年末，绿色信贷超过 10 万亿元，增长速度达 15.4%，绿色信贷余额已占企事业单位贷款达 10.4%。我国绿色贷款中有 2% 左右投向绿色建筑。2019 年，我国绿色债券发行规模总计超过 3390 亿元，发行数量 214 只，较 2018 年分别增长 26% 和 48%，约占同期全球绿色债券发行规模的 21%。其中境内发行 2822 亿元，境外发行 568 亿元。工商银行连续 3 年发行 5 笔"一带一路"绿色债券，金额近 100 亿美元。

　　人民银行、国家发展改革委和证监会联合发布的新版《绿色债券支持项目目录》（征求意见稿）中，对绿色建筑做出明确分类：一是超低能耗建筑，二是符合国家标准的绿色建筑，三是建筑可再生能源应用，四是装配式建筑，五是既有建筑节能及绿色化改造，打通了绿色债券对绿色建筑相关项目支持的绿色通道。

(8) 可再生能源建筑应用。

我国用于建筑的可再生能源包括农村沼气、地热、太阳能、生物质供热等几个方面。

2019年中国可再生能源继续快速发展，可再生能源年发电量超过2万亿kW·h，发电量20 430亿kW·h，比上年增长9.5%，占总发电量的27.9%。风电、光伏发电装机首次双双突破2亿kW。可再生能源利用水平和质量稳步提升，水能利用率比上年提高4个百分点，达到96%。截至2019年底，我国常规水电装机达到3.26亿kW，年发电量1.3万亿kW·h；2019年全国风电新增并网容量2574万kW，比上年增长25%，累计并网装机容量2.1亿kW，占全部电源总装机容量的10.4%，陆上风电2.04亿kW、海上风电593万kW，风电年发电量4057亿kW·h，比上年增长10.8%，占全部电源总发电量的5.5%；2019年全国太阳能发电新增装机容量3031万kW，其中光热发电20万kW，累计装机容量达到2.05亿kW，约占电源总装机容量的10.2%，太阳能年发电量2243亿kW·h，比上年增长26%，占总发电量3.1%；生物质装机2369万kW，较2018年增加325万kW，年发电量1111亿kW·h，比上年增长22.6%，占全部电源总发电量1.5%。水电、风电、太阳能发电、生物质发电可再生能源装机容量连续居世界第一。

2019年户用沼气池产气198亿m³，供热14.1 Mtce，预计2030年沼气总产量可达400亿m³。生物质成型燃料供热规模不断扩大，全国生物质成型燃料供热年利用量约1800万tce。2019年太阳能热水器集热面积为4.72亿m²，供热56.6Mtce，预计2025年集热面积为8.0亿m²，供热96.0Mtce。地热能技术进步，地热资源勘探技术不断成熟，中深层地源热泵研发应用活跃，浅层地热能利用位居世界第一。地源热泵和地热采暖面积 10.22 亿 m^2，供热 71.0Mtce，可采资源 2.8 亿 tce。其中地源热泵供暖（制冷）建筑面积约 8.41 亿 m^2，位居世界第一。中深层地热能利用持续增长。北方地区中深层地热供暖面积累计约 2.82 亿 m^2，比上年增长 12.4%。油田地热开发取得积极效益。华北油田首个规模化民用社区地热项目投用，供热面积 63 万 m^2，温泉热水利用已具规模。利用规模达到 660.8 万 kW，用能折合供暖面积 1.65 亿 m^2。

2019 年北小营镇小胡营村公共浴室实施了综合建设项目。建设内容包括实施太阳能浴室采暖系统升级改造工程，形成"太阳能＋地源热泵"双系统采暖系统，对部分老化设施设备进行维修、更换和升级，降低太阳能浴室的运营成本。改造前，这座公共浴室应用的是单一的地源热泵供热系统，用电成本较高。升级改造后，运营成本可降低 20% 左右。

3.3 建筑能效及节能量

2019 年，全国新建建筑执行强制性节能设计标准形成年节能能力约 1865 万 tce，既有建筑节能改造形成年节能能力约 427 万 tce，高效照明形成节能能力约 1700 万 tce。经测算，2019 年建筑领域实现节能量 3992 万 tce。近年来我国建筑节能情况见表 1-3-6。

表 1-3-6　　　　　　　　　近年来我国建筑节能量　　　　　　　　　万 tce

类　　别	2017 年	2018 年	2019 年
新建建筑执行节能标准	1600	1686	1865
既有建筑节能改造	160	190	427
照明节能	2150	2458	1700
总计	3910	4234	3992

4

交通运输节能

📡 本章要点

（1）交通运输行业运输线路长度、客运周转量延续了增长态势，但货运周转量比上年下降。2019 年，铁路、公路、水运和民航里程分别比上年增长 6.1%、3.4%、0.2% 和 13.2%。客运周转量比上年增长 3.3%。其中，铁路、公路、水运和民航客运周转量分别比上年增长 4.0%、−4.6%、0.8% 和 9.3%，增速分别比上年降低 1.2、−0.4、−1.7 和 3.3 个百分点；货运周转量比上年减少 5.2%。其中，铁路、公路、水运和民航货运周转量分别比上年增长 4.7%、−16.3%、5.0% 和 0.3%，增速分别比上年降低 2.2、23.0、−4.5 和 7.5 个百分点。

（2）交通运输行业能源消费量持续增长，增速有所放缓。2018 年，交通运输行业能源消费量约为 4.5 亿 tce，比上年增长 3.3%，占全国终端能源消费量的 9.2%。其中，汽油消费量 9537 万 t，柴油消费量 11 721 万 t。

（3）交通运输行业结构节能效果显著。2019 年，交通运输行业进一步加大节能技术应用、优化运输结构、强化节能管理等措施力度，促进交通运输业能源利用效率进一步提高，公路、铁路、水运和民航单位换算周转量能耗分别比上年降低 2.0%、4.1%、−2.0% 和 0.7%。按 2019 年公路、铁路、水运、民航换算周转量计算，2019 年，交通运输行业实现节能量 521 万 tce。

4.1   综述

4.1.1   行业运行

中国交通运输行业整体呈现出平稳增长态势。2019 年，铁路、公路、水运和民航等领域发展趋于平稳，运输线路长度呈现出不同增长态势。铁路、公路、水运和民航里程，分别比上年增长 6.1％、3.4％、0.2％和 13.2％，增速分别比上年提高 3.0、1.9、0.1 和 1.2 个百分点。我国各种运输线路长度，见表 1-4-1。

表 1-4-1　　　　　　　我国各种运输线路长度　　　　　　万 km

项　　目	2010 年	2017 年	2018 年	2019 年
铁路营业里程	9.12	12.70	13.1	13.9
其中：电气化铁路	3.27	8.66	9.22	10.0
高速铁路	0.51	2.50	2.99	3.5
公路里程	400.82	477.35	484.65	501.25
其中：高速公路	7.41	13.65	14.26	14.96
内河航运里程	12.42	12.70	12.71	12.73
民用航空航线里程	276.51	748.3	837.98	948.22

数据来源：国家统计局，《中国统计年鉴 2020》《2019 年国民经济和社会发展统计公报》。

2019 年，客运周转量继续增长，货运周转量比上年下降。客运周转量整体比上年增长 3.3％。其中，铁路、公路、水运和民航客运周转量分别比上年增长 4.0％、−4.6％、0.8％和 9.3％，增速分别比上年降低 1.2、−0.4、−1.7 和 3.3 个百分点；货运周转量整体比上年增长−5.2％。其中，铁路、公路、水运和民航货运周转量分别比上年增长 4.7％、−16.3％、5.0％和 0.3％，增速分别比上年降低 2.2、23.0、−4.5、7.5 个百分点。我国交通运输量、周转量和交通工具拥有量，见表1-4-2。

表 1-4-2　　　我国交通运输量、周转量和交通工具拥有量

项　　目		2010 年	2017 年	2018 年	2019 年
运量	客运（亿人）	327.0	184.9	179.4	176.0
	铁路	16.8	30.8	33.7	36.6
	公路	305.3	145.7	136.7	130.1
	水运	2.2	2.8	2.8	2.73
	民航	2.7	5.5	6.1	6.6
	货运（亿 t）	324.18	480.5	515.3	462.2
	铁路	36.43	36.9	40.3	43.89
	公路	244.81	368.7	395.7	343.55
	水运	37.89	66.8	70.3	74.72
	民航	0.06	0.07	0.07	0.08
周转量	客运（亿人·km）	27 894	32 813	34 218	35 349
	铁路	8762	13 457	14 147	14 707
	公路	15 021	9765	9280	8857
	水运	72	77.7	79.6	80.2
	民航	4039	9513	10 712	11 705
	货运（亿 t·km）	141 837	197 373	204 686	194 045
	铁路	27 644	26 962	28 821	30 182
	公路	43 390	66 772	71 249	59 636
	水运	68 428	98 611	99 053	103 963
	民航	178.9	243.5	262.5	263.2
民用汽车拥有量（万辆）		7801.8	20 907	23 231	25 387
其中：私人载客车		4989.5	18 515	20 575	20 713
铁路机车拥有量（台）		19 431	21 420	21 482	22 000
民用机动船拥有量（万艘）		15.56	13.17	12.58	12.14
民用飞机期末拥有量（架）		2405	5593	6134	6525

数据来源：国家统计局，《中国统计年鉴 2020》《2018 年国民经济和社会发展统计公报》。

4.1.2 能源消费

随着近年来交通运输能力的持续增强和交通运输规模的不断扩大，交通运输行业能源消费量呈现快速增长态势，能耗主要以汽油、煤油、柴油、燃料油等油耗为主，电能消费比重相对较低。2018年，交通运输领域能源消费量约为4.47亿tce，比上年增长3.3%，占全国终端能源消费量的9.2%。汽油消费量9537万t，柴油消费量11 721万t。而发达国家交通运输能源消费量占终端能源消费量的比重约在20%～40%之间，因此，我国交通用能占全社会终端用能的比重仍将呈现上升态势。2018年我国交通领域分品种能源消费量，见表1-4-3。

表1-4-3　　　　　　　我国交通运输业分品种能源消费量

品　种		2010年		2017年		2018年	
		实物量	标准量	实物量	标准量	实物量	标准量
石油 （万t，万tce）	汽油	4476	6587	8960	13 183	9537	14 033
	煤油	1601	2356	3173	4669	3463	5095
	柴油	9313	13 570	11 826	17 231	11 721	17 079
	燃料油	1327	1896	1771	2531	1796	2566
	液化石油气	72	123	122	209	123	211
电（亿kW·h，万tce）		577	709	1418	1743	1608	1976
天然气（亿m³，万tce）		107	1402	285	3730	286	3747
总计（万tce）			26 642		43 296	28 534	44 707

数据来源：国家统计局；国家发展改革委；国家铁路局；中国电力企业联合会；中国汽车工业协会；中国汽车技术研究中心；中国石油经济技术研究院；《国际石油经济》。

注　1t液化天然气＝725m³天然气，1t压缩天然气＝1400m³天然气，1t液化石油气＝800m³天然气；汽油、柴油消费量涵盖生活用能中的私家轿车、私家货车等用能。

4.2　主要能效提升措施

交通运输行业是我国重点用能行业，也是我国节能减排的三大重点领域之一。我国交通运输部门将节能降碳发展理念融入交通运输发展的各方面和全过程，不断加大节能减排的实施力度，健全制度标准体系，推进节能项目建设，优化结构节能减排、推广节能低碳技术，促使节能减排服务水平和监管能力不断提升。

2019年9月19日，中共中央、国务院印发了《交通强国建设纲要》，指出要强化大中型邮轮、大型液化天然气船、极地航行船舶、智能船舶、新能源船舶等自主设计建造能力。同时加强研发水下机器人、深潜水装备、大型溢油回收船、大型深远海多功能救助船等新型装备。强化船舶等装备动力传动系统研发，突破高效率、大推力/大功率发动机装备设备关键技术。加强基于船岸协同的内河航运安全管控与应急搜救技术等的研发。明确提出了坚持发展绿色交通的战略重点，强化节能减排和污染防治，节能减排工作刻不容缓。同年5月20日，交通运输部、中央宣传部等12部门和单位，联合印发《绿色出行行动计划（2019－2022年）》，围绕构建完善综合运输服务网络、大力提升公共交通服务品质、优化慢行交通系统服务、推进实施差别化交通需求管理、提升绿色出行装备水平、大力培育绿色出行文化，开展绿色出行宣传、完善公众参与机制等方面，提出了21条具体行动措施。提出到2022年，初步建成布局合理、生态友好、清洁低碳、集约高效的绿色出行服务体系，绿色出行环境明显改善，公共交通服务品质显著提高、在公众出行中的主体地位基本确立，绿色出行装备水平明显提升，人民群众对选择绿色出行的认同感、获得感和幸福感持续加强。

2020年8月，交通运输部印发了《推动交通运输领域新型基础设施建设的指导意见》，提出围绕加快建设交通强国总体目标，推动交通基础设施数字转型、智能升级，建设便捷顺畅、经济高效、绿色集约、智能先进、安全可靠的交通运输领域新型基础设施。提出服务人民、提升效能等原则，明确到2035年，交通运输领域新型基础设施建设取得显著成效，基础设施建设运营能耗水平有效控制，科技创新支撑能力显著提升。

交通运输系统涵盖了公路、铁路、水运、航空等多种运输方式，且各运输方式又拥有多种类型的交通工具，在燃油类型、能耗等方面存在较大差异。因此，每种运输方式在结合整个交通领域节能减排路径及措施的情况下，根据自身用能种类、用能结构及用能特征的不同，均可以采取有针对性的节能减排措施。

4.2.1　公路运输

（1）推广节能和新能源汽车。

升级汽车行业排放标准。2019 年 7 月，《打赢蓝天保卫战三年行动计划》提出，重点区域、珠三角地区、成渝地区提前实施国六排放标准，多个地区相继出台了 2019 年提前实施国六排放标准的文件。近年来国内排放标准体系呈现出标准趋严、国际趋同、分段实行的特征。

大力推广新能源汽车。2019 年，新能源汽车产销分别完成 124.2 万辆和 120.6 万辆，其中纯电动汽车生产完成 102 万辆，比上年增长 3.4％；燃料电池汽车产销分别完成 2833 辆和 2737 辆，比上年分别增长 85.5％和 79.2％。2019 年 12 月，工信部发布《新能源汽车产业发展规划（2021－2035）》征求意见稿，意见稿明确到 2025 年，新能源汽车新车销量占比达 25％左右。

（2）推动节能技术升级。

纯电动汽车退役动力电池建设储能电站中主动均衡系统应用技术。利用纯电动道路运输车辆退役的动力电池建立储能单元，通过电池管理系统对电池组进行均衡管理，使单体电池均衡充电、放电，保持动态平衡，在保障安全的前提下，充分发挥电池组的最大性能，达到最佳的工作状态。

大比例掺量废旧沥青混合料再生技术。将废旧沥青路面材料（RAP）在沥青拌合厂（站）破碎、筛分，通过添加高性能生剂、抗剥落剂等材料进行再生，生成的混合料满足施工要求。适用于公路养护、新建及改扩建工程，国省及以下等级干线公路的新建、改扩建和大中修工程，应用层位主要为沥青混合料的中下面层。

废旧轮胎胶粉改性沥青技术。通过胶粉在橡胶沥青生产时与基质沥青产生互换和传质过程。一方面胶粉吸收沥青中的轻质组分发生溶胀；另一方面部分橡胶粉发生降解、脱硫反应，溶于沥青，改善了沥青的组分构成，对沥青的微观流动形成阻尼作用，有效提高橡胶沥青黏度。可用于高速公路、干线公路、水泥路改造等各等级公路工程，对节约资源、保护环境具有重要作用。

> 以大比例掺量废旧沥青混合料再生技术的某交通公司为例，该公司将再生技术应用于城市道路的中下面层，铺筑规模 50km，实现节能量每年 6.13kgce/t，二氧化碳减排量达到每年 15.94kg/t。

（3）提高公路工程资源节约水平。

明确公路工程项目节能原则与标准。2020 年 5 月，交通运输部发布了《公路工程节能规范》（JTG/T 2340－2020），首次系统提出了公路领域全面的节能要求，涵盖设计、施工、养护、运营各个环节。提出了全寿命周期的节能理念，涵盖公路工程全寿命周期的工可、设计、施工、运营及养护各阶段，考虑了工程项目自身特点、土建工程特性、机电信息化特性、养护管理需求及社会用户需求，提出全寿命周期整体有效的节能要求。

4.2.2　铁路运输

（1）优化铁路运输结构。

进一步提升电气化铁路比重。电气化铁路作为现代化的运输方式，可以把对燃油的直接消费转变为对煤和水资源的间接消费，直接排放接近于零，具有技术和经济优越性。因此，电气化铁路是构建节能铁路运输结构的重要措施，近年来在我国得到了快速发展。截至 2019 年底，全国电气化铁路营业里程达到 10.0 万 km，比上年增长 8.7%，电化率 71.9%，比上年提高 1.9%[1]，极大地

---

[1]　铁道部，2019 年铁道统计公报。

优化了铁路结构，减少能源消耗。

移动装备。截至 2019 年底，全国铁路机车拥有量为 2.2 万台。其中，内燃机车 0.8 万台，占 36.4%；电力机车 1.37 万台，占 62.3%，比上年提高 1 个百分点。全国铁路客车拥有量为 7.6 万辆，比上年增长 0.4 万辆。其中，动车组 3665 标准组、29 319 辆，比上年增长 409 标准组、3271 辆。全国铁路货车拥有量为 87.8 万辆。

（2）推广应用节能技术。

机车永磁同步牵引技术：永磁同步牵引系统是机车的动力系统，由永磁电机、牵引变流器、网络控制器等组成，永磁电机主要负责传达动力，完成电能到机械能的转变，带动列车平稳行驶。与其他牵引系统相比，永磁同步牵引系统关键在于采用永磁电机，永磁电机与传统交流异步电机的最大区别在于其励磁磁场是由永磁体产生的，不存在转差。由于异步电机需要从定子侧吸收无功电流来建立磁场，因而用于励磁的无功电流导致损耗增加，降低了电机效率和功率因数；永磁电机则有效减少了该部分的能耗，体积更小，功率因数更高，质量更轻，因此更加节能。

机车牵引供电系统制动能量回馈技术：机车牵引供电系统制动能量回馈技术也可称之为机车再生制动能量回收利用技术，是电力机车在制动时控制牵引电机的输出转矩与电机的转速方向相反，从而使牵引电机工作在发电状态，并将此时电机产生的电能返送回接触网或由其他牵引车辆所吸收。该技术在列车制动时可将原本消耗到车载或地面制动电阻上的列车制动能量回馈到 35kV/10kV 等交流公用电网，供给交流公用电网中的其他牵引车辆或其他用电设备使用，实现能量回收再利用。结合储能装置，反馈到电网的能量可以在客运站的储能装置进行储存，需要时供给车站内耗能设备使用。大部分机车的再生制动能量占机车牵引能耗的 30% 左右，因而该项技术的节能效果较为可观。

（3）加强铁路节能管理。

推行客站合同能源管理模式。合同能源管理即节能服务公司为用能单位提供节能诊断、方案设计、融资、改造等，并以节能效益共享等多种方法收回出资和获得合理赢利。合同能源管理将上下游企业联系到一起，在整合优化链条基础上，有效降低了节能成本，也增加了铁路在节能意识上的积极性，同时提升了铁路相关部门的运作效率和价值。

促进新型技术装备以及再生能源的利用。2020 年中国国家铁路集团有限公司印发《新时代交通强国铁路先行规划纲要》，提出推广应用新型节能材料、工艺、技术和装备，在铁路站房建设中采用太阳能等清洁能源、地源热泵等新工艺。优化铁路用能结构，提升能源综合使用效能，淘汰高耗低效技术装备，推广使用能源智能管控系统，使铁路建设运营向绿色、环保方向发展。

4.2.3 水路运输

(1) 政策推动节能发展。

明确内河航运绿色发展方向。2020 年 6 月交通运输部印发了《内河航运发展纲要》，提出建设干支衔接江海联通的内河航道体系、打造集约高效功能协同的现代化港口、构建经济高效衔接融合的航运服务体系、践行资源节约环境友好的绿色发展方式、构筑功能完善能力充分的航运安全体系、强化创新引领技术先进的航运科技保障、传承弘扬历史悠久内涵丰富的航运文化、构建多方共建共治共享的现代行业治理体系共 8 条发展任务，推动航运业以高质量发展为导向，科学开发利用和保护内河航运资源。

(2) 推广节能技术应用升级。

建造智能研究与实训两用船。该船是智能船舶的一个试验平台，依托该船可进行船舶智能航行技术与系统研究、船舶远程监控与岸基支持研究、船舶智能通信技术研究、船舶智能运维技术研究等，推动航运业智能化发展，大幅度提升节能水平。

可变螺距螺旋桨船舶节油技术系统应用。可变螺距螺旋桨船舶利用该系统能够实时根据航速、吃水、海况等工况自动优化主推进柴油机和螺旋桨匹配，使主机和螺旋桨达到最佳效率，大幅降低油耗。该技术适用于新建及在用可变螺距螺旋桨船舶，节能量大概可达到每艘 1020tce/年。

集装箱码头自动导引车（AGV）动力系统及分布式浅充浅放循环充电技术。采用全电动驱动的 AGV 替代传统柴油集装箱卡车，建立分布式浅充浅放循环充电系统，兼顾充电及集装箱作业，提高工作效率，减少能源消耗及污染物排放。

（3）提高航道整治管理水平。

运用 BIM 技术加强航道整治。应用 BIM 技术，在航道整治工程的规划、设计、施工、运营等各阶段，结合物联网、大数据等处理技术，实现工程建设各阶段信息共享，使各专业设计协同化、精细化，全周期项目成本明细化、透明化，施工质量可控化，工程进度可视化，做到施工过程的精细化管理，提高工程建设全过程管理效率，减少能源消耗。

4.2.4　民用航空

（1）加强民用航空监管力度。

颁布监察员管理规定。2020 年交通运输部颁布了《中国民用航空监察员管理规定》，对监察员管理分工、履职尽责要求、职权及分类、培训管理、证件管理、法律责任等方面做出了明确规定。对加强执法人员资格管理、提高执法队伍素质能力提出了新要求。

（2）创新节能管理方法。

提高桥载利用，降低 APU 使用。APU 的长时间使用所产生的空气污染、噪声成为机场及周围地区的主要污染源之一。飞机每小时运行 APU 平均消耗航油为 70～400kg，而使用桥载电源和电源车为飞机提供能源，则具有低成本、无噪声、低排放等优点。既可以节约 APU 的维护时间，同时延长了 APU 的使用寿命，有效降低航空公司的运行成本。

水洗发动机提高飞行运行效率。水洗发动机在一定范围内可以保持发动机性能，恢复发动机叶片原有的气动外形，提高工作效率，降低发动机的排气温度，并有效地降低油耗，节省燃油费用，延长发动机的使用时间，提升飞机的飞行和运行效率。

推进机场车辆改造。对现有车辆进行尾气改造的同时，持续引进新能源汽车，逐步完成包括电动飞机牵引车、电动行李牵引车、电动摆渡车、电动客梯车等多种车型的采购，替换淘汰燃油车辆。完善车队结构，制定升级方案，通过车辆耗能方式转变，逐步减少汽车尾气碳排放量，推进节能减排。

机场车辆"油改电"。车辆"油改电"是民航局重点指出的改革项目。场内作业车辆是能耗和排放的"大户"，机场地面车辆电动化是一个伟大进程，在人流量密集的机场，汽车尾气大量排放，是对环境的不良影响，此举可以降低污染排放总量，提升局部环境空气质量。

青岛航空明确规定机务工程部等 APU 使用单位最大限度使用桥载设备、外部电源机组、空调机组等 APU 替代设施为飞机提供电源，大大降低运营成本，对节能减排有很好的助益。

成都双流国际机场地面车辆"油改电"项目被列入民航局首批试点项目，在 2019 年，该机场就成功减排二氧化碳 14.92 万 t，节约能耗费用 2.11 亿元。可见机场"油改电"计划获得的效益十分巨大。

(3) 推广应用节能技术。

探索新能源电动飞机技术。电动飞机技术是一项跨时代的高新技术，从飞机绿色环保、高效节能、智能互联的理念出发，来优化整个飞机的设计，极大地提高了飞机的可靠性、环保性、舒适性和可维护性，是未来飞机的发展方向。电力驱动飞机使得飞机的机动性和实用性更强、飞机电力系统的故障模式更为清晰，它降低了飞机系统的导线质量、提供了系统效率、减少了生命周期成本和飞机排放和噪声，使得飞机派遣率更为有效。

推动表面技术在飞机方面应用。在飞机结构维修过程中合理运用表面技术对飞机结构表面进行修复,不仅可以恢复飞机结构原有的功能特性,还可以使飞机结构具有比基体材料更优异性能,如更高的耐磨性、抗腐蚀性和耐高温性。表面技术在飞机结构修理中研究和推广,既可以有效修复飞机损伤结构表面,又可在节能、节财方面发挥巨大作用。

4.3　交通运输能效及节能量

从不同运输方式能耗强度来看,铁路、航空、公路、水运运输的单位周转量能耗强度差别很大,运输结构对能耗的影响明显。2019 年,公路、铁路、水运、民航单位运输换算周转量能耗分别为 384、39.4、35.9、4193kgce/(万 t·km),换算周转量占比❶分别为 28.7%、21.3%、49.4%和 0.5%,占比比上年分别上升−4.8%、1.4%、3.4%和 0.05%。整体来看,公路运输能耗较高且换算周转量较大,是驱动交通运输能耗增长的主要运输方式;民航运输换算周转量占比较低但能耗较高,也成为拉动交通运输能耗增长的因素;铁路、水运能耗较低,换算周转量呈现由公路向水运、铁路转移趋势,这将有助于优化运输结构,提升节能水平。

2019 年,我国交通运输业能源利用效率进一步提高,公路、铁路、水运、民航单位换算周转量能耗分别比上年降低 2.0%、4.1%、−2.0%和 0.7%。按 2019 年公路、铁路、水运、民航换算周转量计算,2019 年与 2018 年相比,交通运输行业实现节能量 521 万 tce。较 2018 年来看,整体节能量缩减,公路节能量增加,铁路、民航节能量减少,水运能耗上升。我国交通运输主要领域节能情况,见表 1-4-4。

---

❶ 指占四种交通运输方式总和的比重。

表 1-4-4   我国交通运输主要领域节能量

类型	单位运输周转量能耗 [kgce/（万 t·km）]（换算）			2019 换算周转量 （亿 t·km）	2019 年节能量 （万 tce）
	2010 年	**2018 年**	**2019 年**		
公路	556	402	384	60 522	484
铁路	55.9	41.1	39.4	44 889	76
水运	50.8	34.2	35.9	104 043	− 73
民航	6190	4223	4193	1106	33
合计					521

数据来源：国家统计局；国家铁路局；交通运输部；中国电力企业联合会；中国汽车工业协会；中国汽车技术研究中心；2018 年交通运输业发展公报；2018 年铁道统计公报；2018 年民航行业发展统计公报；中国石油经济技术研究院；《中石油经研院能源数据统计（2017）》。

注　1. 单位运输工作量能耗按能源消费量除换算周转量得出。

　　2. 电气化铁路用电按发电煤耗折标准煤。

　　3. 换算吨公里：吨公里＝客运吨公里＋货运吨公里；铁路客运折算系数为 1t/人；公路客运折算系数为 0.1t/人；水路客运为 1t/人；民航客运为 72kg/人；国家航班为 75kg/人。

5

全社会能效及节能量

本章要点

(1) 全国单位 GDP 能耗进一步下降。2019 年，全国单位 GDP 能耗为 0.55 tce/万元（按 2015 年价格计算，下同），比上年降低 1.9%。自 2015 年以来，我国单位 GDP 能耗保持下降态势，与 2015 年相比，累计下降 12.8%。

(2) 节能促减排成效显著。与 2018 年相比，2019 年实现全社会节能量 0.97 亿 tce，占 2019 年能源消费总量的 2.0%，可减少二氧化碳排放 2.1 亿 t，减少二氧化硫排放 44.9 万 t，减少氮氧化物排放 47.3 万 t。

(3) 工业部门成为最大的节能部门。全国工业、建筑、交通运输部门合计实现技术节能量约为 9095 万 tce，占全社会节能量的 94.1%。其中工业部门、建筑部门、交通运输部门分别实现节能量 4582 万、3992 万、521 万 tce，分别占全社会节能量的 47.4%、41.3%、5.4%。

5.1 能源利用效率

全国单位 GDP 能耗进一步下降。2019 年，全国单位 GDP 能耗为 0.55 tce/万元❶（按 2015 年价格计算，下同），比上年降低 1.9%。与 2015 年相比，累计下降 12.8%。自 2015 年以来，我国单位 GDP 能耗保持下降态势，见表 1-5-1。

表 1-5-1　　2015 年以来我国单位 GDP 能耗及变动情况

年 份	单位 GDP 能耗（tce/万元）	增速（%）
2015	0.63	—
2016	0.60	−5.0
2017	0.57	−3.6
2018	0.56	−2.9
2019	0.55	−1.9

5.2 节能量

与 2018 年相比，2019 年我国单位 GDP 能耗下降实现全社会节能量 0.97 亿 tce，占 2019 年能源消费总量的 2.0%，可减少二氧化碳排放 2.1 亿 t，减少二氧化硫排放 44.9 万 t，减少氮氧化物排放 47.3 万 t。

与 2018 年相比，2019 年全国工业、建筑、交通运输部门合计节能量约为 9095 万 tce，占全社会节能量的 94.1%。其中工业部门实现节能量 4582 万 tce，占全社会节能量的 47.4%，为最大节能领域；建筑部门实现节能量 3992 万 tce，占全社会节能量的 41.3%；交通运输部门实现节能量 521 万 tce，占全社会节能量的 5.4%。2019 年主要部门节能情况见表 1-5-2。

---

❶　本节能耗和节能量均根据《中国统计年鉴 2020》公布的 GDP 和能源消费数据测算。

表 1 - 5 - 2　　　　　　　　　　**2019 年我国主要部门节能量**

部　　门	2019 节能量（万 tce)	占比（%）
工业	4582	47.4
建筑	3992	41.3
交通运输	521	5.4
主要部门节能量	9095	94.1
其他节能量	750	5.9
全社会节能量	9668	100.0

注　1. 节能量为 2019 年与 2018 年比较。

　　2. 建筑节能量包括新建建筑执行节能设计标准和既有住宅节能技术改造形成的年节能能力。

节电篇

1

电力消费

![本章要点图标] **本章要点**

（1）全社会用电量持续增长，但增速明显下降。2019 年，全国全社会用电量达到 72 486 亿 kW·h，比上年增长 4.4%，增速比上年下降 4.0 个百分点。

（2）第三产业、居民生活用电比重持续上升，第二产业用电比重进一步下降，第一产业用电比重与上年持平。2019 年，第三产业和居民生活用电量分别为 11 861 亿、10 250 亿 kW·h，占全社会用电量的比重分别为 16.4%、14.1%，分别上升 0.7 个和 0.1 个百分点。第一产业和第二产业用电量分别为 779 亿、49 595 亿 kW·h，占全社会用电量的比重分别为 1.1%、68.4%，第二产业比重下降 0.8 个百分点。

（3）工业、高耗能行业总用电增速比上年下降。2019 年，全国工业用电量 48 705 亿 kW·h，比上年增长 2.9%，增速比上年下降 4.1 个百分点；黑色金属、有色金属、化工和建材四大高耗能行业用电合计 20 164 亿 kW·h，比上年增长 2.0%，增速比上年下降 4.0 个百分点，其中黑色金属和建材用电量正增长、有色金属和化工用电量负增长。

（4）人均用电量已接近世界平均水平，但仍低于部分发达国家。2019 年，全国人均用电量和人均生活电量分别达到 5186kW·h 和 733kW·h，比上年分别增加 241kW·h 和 38kW·h；我国人均用电量已接近世界平均水平，但仅为部分发达国家的 1/4～1/2。

1.1 电力消费概况

2019 年，全国全社会用电量达到 72 486 亿 kW·h，比上年增长 4.4％，增速下降 4.0 个百分点。受宏观经济运行稳中趋缓、上年用电量增速偏高、夏季气温比上年偏低和冬季气温比上年偏高等因素综合影响，全社会用电量稳定增长。随着信息服务业等新兴产业持续快速增长以及电能替代力度加大，第三产业用电量实现较快增长，对全社会用电量增长的拉动作用不断增强。2000 年以来全国用电量及增长情况，见图 2-1-1。

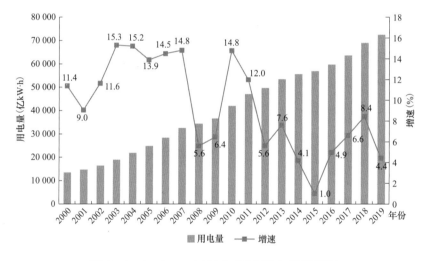

图 2-1-1 2000 年以来我国用电量及增速

第三产业、居民生活用电比重上升。2019 年，第一产业、第三产业和居民生活用电量分别为 779 亿、11 861 亿、10 250 亿 kW·h，比上年增长 4.4％、9.4％、5.7％，增速均高于全社会用电增速；占全社会用电量的比重分别为 1.1％、16.4％、14.1％，第一产业用电比重与 2018 年持平，第三产业和居民生活用电比重分别提高 0.7 个和 0.1 个百分点。第二产业用电量 49 595 亿 kW·h，比上年增长 3.1％，占全社会用电量的比重为 68.4％，占比下降 0.8 个百分点。

其中，第三产业、居民生活对全社会用电增长的贡献率分别达到 31.4％、

17.3%，分别比上年提高 8.8、0.6 个百分点；第一产业、第二产业对全社会用电增长的贡献率分别为 0.5%、50.7%，比上年下降 0.7、8.8 个百分点。2019年全国三次产业及居民生活用电增长及贡献率，见表 2-1-1。

表 2-1-1　2019 年全国三次产业及居民生活用电增长及贡献率

产业	2018 年				2019 年			
	用电量（亿 kW·h）	同比增速（%）	结构（%）	贡献率（%）	用电量（亿 kW·h）	同比增速（%）	结构（%）	贡献率（%）
全社会	69 431	8.4	100	100	72 486	4.4	100	100
第一产业	764	9.0	1.1	1.2	779	4.4	1.1	0.5
第二产业	48 046	7.1	69.2	59.5	49 595	3.1	68.4	50.7
第三产业	10 901	12.9	15.7	22.6	11 861	9.4	16.4	31.4
居民生活	9720	10.3	14.0	16.7	10 250	5.7	14.1	17.3

资料来源：中国电力企业联合会。

1.2　工业及高耗能行业用电

工业用电量比上年上升，但增速小于全社会用电增速。2019 年，全国工业用电量 48 705 亿 kW·h，比上年增长 2.9%，增速比上年回落 4.1 个百分点。

四大高耗能行业总用电量保持增长。2019 年，黑色金属、有色金属、化工、建材等四大高耗能行业合计用电 20 164 亿 kW·h，比上年增加 2.0%，增速比上年回落 4.0 个百分点。其中，黑色金属行业用电量增加 4.6%，增速比上年回落 5.2 个百分点；有色金属行业用电量下降 0.9%，增速比上年回落 6.1个百分点；化工行业用电量下降 1.0%，增速比上年回落 4.2 个百分点；建材行业用电量增长 7.1%，增速提高 1.4 个百分点。

2019 年 31 个制造业行业中，只有仪器仪表制造业、金属制品/机械和设备修理业、化学原料和化学制品制造业、有色金属冶炼和压延工业、纺织服装/服饰业、皮革/毛皮/羽毛及其制品和制鞋业及铁路/船舶/航空航天/其他运输设备制造业用电量负增长。2019 年用电量大于 400 亿 kW·h 的行业有 17 个，其中黑色金属、非金属矿物制品业、计算机/通信和其他电子设备制造、石油/煤炭及其他燃料加工、电气机械和器材制造业、农副食品加工业、其他制造业和医药制造业用电增速均高于全社会平均水平。2019年我国主要工业行业用电情况，见表2-1-2和图2-1-2。

表 2-1-2　　　　　　　　　　2019 年主要工业行业用电情况

行　　业	用电量（亿 kW·h）	增速（%）	结构（%）
全社会	72 486	4.4	100
工业	48 705	2.9	67.2
钢铁冶炼加工	5682	4.6	7.8
有色金属冶炼加工	6215	−0.9	8.6
非金属矿物制品	3761	7.1	5.2
化工	4506	−1.0	6.2
纺织业	1649	0.7	2.3
金属制品	2345	3.1	3.2
计算机、通信和其他电子设备制造	1573	6.6	2.2

数据来源：中国电力企业联合会。

注　结构中行业用电比重是占全社会用电量的比重。

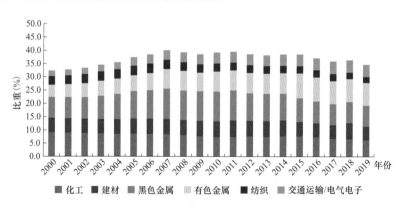

图 2-1-2　2000 年以来主要行业占全社会用电比重变化

1.3　各区域用电量增速

　　各区域用电增速均有不同程度上升。2019 年，华北（含蒙西）电网地区用电17 282亿kW•h，比上年增长4.5%，增速比上年回落4.6个百分点；华东用电17 242亿kW•h，比上年增长3.4%，增速回落3.8个百分点；华中用电12 775亿kW•h，比上年增长4.4%，增速回落5.8个百分点；东北（含蒙东）用电4930亿kW•h，比上年增长3.7%，增速回落4.3个百分点；西北（含西藏）用电7946亿kW•h，比上年增长3.4%，增速回落4.1个百分点；南方电网地区用电12 311亿kW•h，比上年增长6.9%，增速回落1.4个百分点。2019年全国分地区用电情况，见表2-1-3。

表2-1-3　　　　　　　全国分地区用电量

地区	2018年		2019年		
	用电量（亿kW•h）	比重（%）	用电量（亿kW•h）	增速（%）	比重（%）
全国	69 003	100	72 486	4.4	100
华北	16 375	23.73	17 282	4.5	23.8
华东	16 677	24.17	17 242	3.4	23.8
华中	12 241	17.74	12 775	4.4	17.6
东北	4752	6.89	4930	3.7	6.8
西北	7442	10.79	7946	3.4	11.0
南方	11 514	16.69	12 311	6.9	17.0

资料来源：中国电力企业联合会。

2019年只有青海（-3.0%）、河南（-1.6%）、甘肃（-0.1%）用电增速为负值，其余省份均为正值，相对较快的省份是西藏（12.4%）、广西（12.0%），实现两位数增长，内蒙古（8.9%）、海南（8.6%）、云南（7.9%）、安徽（7.8%）、江西（7.5%）、四川（7.2%）、湖北（6.9%）、湖南（6.8%）、新疆（6.7%）、广东（5.9%）、河北（5.2%）和山西（4.7%）等12个省份用电增速也超过全国平均水平（4.4%）。

1.4　人均用电量

人均用电量保持快速增长。2019年，我国人均用电量和人均生活电量分别达到 5186kW•h 和 733kW•h，比上年分别增加 241 kW•h 和 38kW•h；2010—2019 年我国人均用电量和人均生活电量年均增速分别为 5.7% 和 7.5%。2000 年以来我国人均用电量和人均生活用电量变化情况，见图 2-1-3。

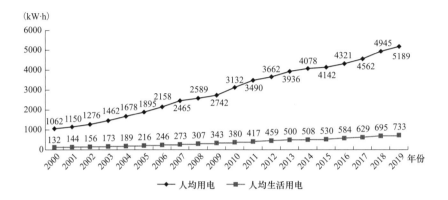

图 2-1-3　2000 年以来我国人均用电量和人均生活用电量

数据来源：中国电力企业联合会。

当前，我国人均用电量已接近世界平均水平，但仅为部分发达国家的 1/4～1/2。而人均生活用电量的差距更大，不到加拿大的 1/8。中国（2019 年）与部分国家（2017 年）人均用电量和人均生活用电量对比如图 2-1-4 所示。

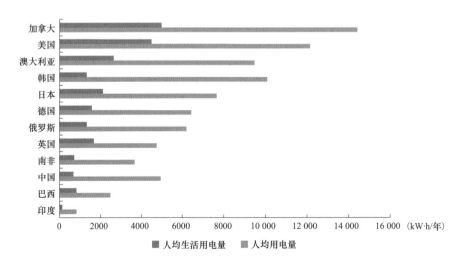

图 2-1-4　中国（2019 年）与部分国家（2017 年）人均用电量和人均生活用电量对比

2

工业节电

本章要点

（1）制造业产品单位电耗普遍降低，部分产品电耗上升。2019 年，电解铝单位综合交流电耗 13 531kW·h/t，比上年降低 24kW·h/t；水泥单位综合电耗 84.0kW·h/t，比上年降低 0.5kW·h/t；合成氨单位综合电耗 939kW·h/t，比上年降低 22kW·h/t；钢单位电耗 438kW·h/t，比上年降低 14kW·h/t；烧碱单位综合电耗 2643kW·h/t，比上年提高 587kW·h/t；电石单位综合电耗 3585kW·h/t，比上年提高 739kW·h/t。

（2）线损率持续下降，厂用电率略有下降。2019 年，全国 6000kW 及以上电厂综合厂用电率为 4.67%，比上年下降 0.02 个百分点。其中，水电厂厂用电率 0.24%，比上年降低 0.01 个百分点；火电厂厂用电率 6.01%，比上年提高 0.06 个百分点。2019 年，全国线损率为 5.93%，比上年降低 0.34 个百分点，线损电量 3724 亿 kW·h。综合发电侧与电网侧，与 2018 年相比，2019 年电力工业生产领域节电约为 245 亿 kW·h。

（3）工业部门实现节电量比上年下降。2019 年工业部门节电量估算为 801 亿 kW·h，比上年下降，主要由于部分工业产品单位综合电耗有所提升。

2.1 综述

长期以来，工业是我国电力消费的主体，工业用电量在全社会用电量中的比重保持在 70% 以上水平。2019 年，全国工业用电量 48 473 亿 kW·h，比上年增长 2.9%。

2019 年，在工业用电中，黑色金属、有色金属、煤炭、电力、石油、化工、建材等重点耗能行业用电量占整个工业企业用电量的约 65%。其中，有色金属行业用电量比上年减少 0.6%，化工行业用电量与上年持平，建材行业用电量比上年增长 5.3%，黑色金属行业用电量比上年增长 4.5%。随着市场经济体制的不断成熟，市场竞争程度日益加剧，节能减排压力不断加大，国内大多数工业企业积极采取产业升级、技术改造、管理优化等一系列措施降本增效，取得了较好的成效。

2.2 制造业节电

2.2.1 黑色金属工业

2019 年，黑色金属冶炼及压延加工业用电量 5683 亿 kW·h，比上年增长 4.5%，占全社会用电量的 7.9%，占比与上年同期持平。其中，吨钢电耗为 438kW·h/t，比上年降低 3.1%，相比上年实现节电量 139 亿 kW·h。

钢铁工业主要节电措施包括：

工业循环水系统集成与优化技术。通过使用精密压力表和流量计测量出用户实际需要的循环水压力和流量，分析的数据做出具体方案，采用流体分析方法，优化水泵的叶轮和流道，提升将水泵效率，优化管网、尾水余能回收等方式，达到整个循环水系统的效率最高化。预计未来 5 年，推广应用比例可达到 30％，可形成节能 15 万 tce/a，减排 CO_2 40.5 万 t/a。

河南舞阳钢铁循环水系统节能改造项目。改造前，循环水系统年总耗电 13 466 万 kW·h。改造后，循环水系统年总耗电 9931 万 kW·h，综合节电率达到 26.25％，年节电 3535 万 kW·h，折合 12 019tce，按电价 0.58 元/（kW·h）算，年节约电费 2050 万元。项目总投入为 3500 万元，投资回收期 21 个月。

新型固体物料输送节能环保技术。将物料从卸料、转运到受料的整个过程控制在系统性密封空间进行；根据物料自身的物化特性，采用计算模拟仿真数据，设计输送设备结构模型，通过减少破碎实现减少粉尘产生、降低除尘风量；最终通过本产品将除尘系统风量和风压大幅度降低，实现高效减尘、抑尘、除尘。预计未来 5 年，推广应用比例可达到 15％，可形成节能 2.3 万 tce/a，减排 CO_2 6.3 万 t/a。

邢台德龙钢铁有限公司 2 号高炉矿槽系统改造项目。矿槽物料输送系统原采用一套集中式除尘器系统，系统总风量 52.6 万 m^3/h，风机主电机功率 1400kW，外排尘气浓度超过 50mg/m^3（标况下）。改造前除尘效果很差，移动通风槽基本无负压，物料转运时粉尘从导料槽内大量外溢，严重污染现场环境。改造后，原系统风机装容量 1400kW，改造后风机装容量 630kW。每年设备可节电 457 万 kW·h，每年可节约 1555.1tce，可减少 CO_2 排放 4199t/a。投资回收期 2.7 年。

国产高性能低压变频技术。本技术是对标国际最新的产品技术，与 SIE-MENS 公司最新推出的 SINAMICS 系列产品和 ABB 公司 ACS880 系列产品都采用一致的技术方案。控制部分与功率单元分开，控制板使用 X86 - CPU 作为核心芯片，功率部分采用 DSP 完成控制，采用实时以太网作为高速通信的路径。通过研究快速通信网络、功率模块、DSP 控制技术和实时多任务控制技术、矢量控制模型、功率单元结构技术、整流器技术、同步电机矢量控制技术等核心技术，通过高速、稳定、可靠的控制软件，以及有效的通信技术实现电机低压变频调速。预计未来 5 年，推广应用比例可达到 20%，可形成节能 7.5 万 tce/a，减排 CO_2 20.2 万 t/a。

> 宝钢湛江钢铁有限公司 4200mm 厚板厂传动改造项目。宝钢湛江 4200mm 厚板厂共 200 余台低压变频电机，整条生产线设计供电功率为 200MW，采用国产高性能低压变频技术进行节能改造。项目实施周期 3 个月。改造后，据电表统计，生产线年节约总电量约 1100 万 kW·h，则每年可节约 3740tce，每年可减少 CO_2 排放 1.01 万 t/a。投资回收期 2 年。

2.2.2　有色金属工业

2019 年，有色金属行业用电量为 6162 亿 kW·h，比减少 0.6%。有色金属行业电力消费主要集中在冶炼环节，铝冶炼是有色金属工业最主要的耗电环节。2019 年，电解铝用电占全行业用电量的 78.2%。有色金属行业电力消费情况，见表 2-2-1。

表 2-2-1　　　　　　有色金属行业电力消费情况

指　标	2015 年	2016 年	2017 年	2018 年	2019 年
有色金属行业用电量（亿 kW·h）	5388	5453	5427	5736	6162
电解铝用电量（亿 kW·h）	4247	4247	4143	4459	4820
有色金属行业用电量占全国用电量比重（%）	9.4	9.1	8.6	8.4	9.9
电解铝用电量占有色金属行业用电量的比重（%）	62.2	77.9	76.3	77.7	78.2

资料来源：中国电力企业联合会。

2019 年，全国铝锭综合交流电耗为 13 531kW•h/t，比上年降低 24kW•h/t，实现节电 8.4 亿 kW•h。

有色金属行业创新节电措施主要包括：

（1）高纯铝连续旋转偏析法提纯节能技术。

在偏析法定向凝固提纯技术的基础上，在提纯装置中实施侧部强制冷却定向凝固提纯新工艺，合理控制固液界面流动速度，精确调整结晶温度和结晶速度；提纯完成后用倾动装置将尾铝液体排出体外，再将提纯铝固体和坩埚快速放入加热装置中，将高温凝固的提纯铝固体短时间内再次熔化，熔化后铝液在提纯装置中再次进行提纯；重复操作，直到获得符合纯度要求的高纯铝。该技术可提纯 99.85％ 的电解原铝至更高，产品纯度可在 99.95％、99.98％、99.99％、99.995％之间调整。

河南中孚实业股份有限公司建设了偏析法生产线，实施周期 8 个月，改造后每吨高纯铝节电 12 000kW•h，按年均提纯 1300t 算，节电 1560 万 kW•h，折合 5304tce。该项总投资 1000 万元，投资回收期 1 年。

（2）大螺旋角无缝内螺纹铜管节能技术。

该技术采用有限元模拟软件，分别建立了三辊行星轧制再结晶过程、高速圆盘拉伸状态模型、内螺纹滚珠旋压成形过程中减径拉拔道次、旋压螺纹起槽道次和定径道次及旋压变形三个道次的有限元模型，研发了一套基于铜管制造设备、工艺技术特点和生产实际的大螺旋角高效内螺纹铜管生产技术，以实现 45°螺旋角以内任意规格的内螺纹铜管工艺与模具的智能化设计。工艺成熟稳定，产品综合成品率在 82％以上；米克重小，降低了热交换器中铜管的使用量；内螺纹管内接触面大热导率高，换热效率高。

美的集团适配大螺旋角内螺纹铜管热交换器项目中，原空调换热器的能耗较高，将大螺旋角内螺纹铜管 $\phi7\times0.24\times0.15\times30\times54$ 应用于空调换热器，替换原有产品，在对原有设备、工艺进行改造，大幅提高制冷剂的换热系数。实施周期 18 个月。每万套空调年节省用电 0.022 97 亿 kW·h，年供应大螺旋角内螺纹铜管 1.235 万 t，单台所需空调 1.47kg，美的公司共供应空调 840 万套，省电 5%，一年按 3 个月使用计算，0.022 97 亿 kW·h/年×840 万套/年×5%≈9600 万 kW·h /年，折合约 3.264 万 tce。

2.2.3 建材工业

2019 年，我国建材工业年用电量为 3698 亿 kW·h，比上年增长 5.3%，占全社会用电量比重 5.1%，与上年持平，占工业行业用电量比重 7.6%，较上年上升 0.1 个百分点。在建材工业的各类产品中，水泥制造业用电量比重最高，占建材工业用电量的 40.3%，是整个行业节能节电的重点。

2019 年，水泥生产用电 1617 亿 kW·h，比上年增长 7.5%。水泥行业综合电耗约为 84.0kW·h/t，比上年降低 0.5kW·h/t。相比 2018 年，由于水泥生产综合电耗的变化，2019 年水泥生产实现节电 11.7 亿 kW·h。2010—2019 年水泥行业共节电约 117.2 亿 kW·h。

主要节电措施如下：

水泥外循环立磨技术。技术原理：物料自立磨中心喂料、落入磨盘中央，转动的磨盘将物料甩向周边，在加压磨辊与磨盘之间进行物料研磨，研磨后的物料经过立磨刮料板刮出立磨，自卸料口卸出，出立磨物料经过斗提机喂入选粉系统与球磨机系统，可与球磨机配置成预粉磨或联合粉磨、半终粉磨，也可配置成终粉磨系统。技术功能特性：①节能降耗，外循环立磨系统阻力降低 4000Pa 以上，系统风机节电 40% 以上，系统电耗降低 3kW·h/t 以上。②水泥需水性降低，水泥性能优越。

鲁南中联水泥有限公司水泥磨技改项目。技术提供单位为南京凯盛国际工程有限公司。改造前厂里原三台水泥球磨机闭路系统磨，台时产量约 60t/h，粉磨电耗 38kW·h/t。改造后，年节电 1680 万 kW·h，折合 5712tce，按照 0.6 元/（kW·h）电价计算，年节约费用 1008 万，按水泥利润 20 元/t 计算，年增产的 80 万 t 水泥利润 1600 万元。该项目综合年节能效益合计为 2608 万元，总投入为 4500 万元。投资回收期约 20 个月。预计未来 5 年，推广应用比例可达到 15%，可形成节能 20 万 tce/a，减排 CO_2 54 万 t/a。

集成模块化窑衬节能技术。技术原理：通过原位反应技术，开发以微气孔为主、气孔孔径可控的合成原料；以合成原料为基础，通过生产工艺控制，开发轻量化产品。在减轻材料质量的同时，提高了耐火材料强度、耐侵蚀性和抗热震性能；将轻量化耐火制品、纳米微孔绝热材料分层组合在一起，巧妙地利用不同材料的导热系数，将各层材料固化在其各自能够承受的温度范围内，保证使用效果和安全稳定性。技术功能特性：①材料体积密度降低了 10%，导热率有一定程度的降低，节约稀有资源；②以轻量化材料为基础，通过结构各种优化有效避免了使用过程中因温度过高造成的材料失效；③智能化生产和自动化装配，实现了多层材料的精准复合制备，提高了集成模块在回转窑内的高效安全运输和自动化转配效率。

洛阳中联水泥有限公司 5000t/d 水泥窑改造项目。技术提供单位为河南瑞泰耐火材料科技有限公司。洛阳中联水泥有限公司 5000t/d 水泥生产线，标准煤耗 101.7kg/t。改造完成后，相比原来内衬总质量减轻 122t，减轻 18.7%，烧成带温度下降 100～130℃，过渡带温度下降 100～130℃，回转窑主电机电流下降了 250～300A，熟料综合电耗降低 1.5kW·h/t，标准煤耗降低了 3kg/t。实施周期 8 个月。

2.2.4 石化和化学工业

2019 年，石油加工、炼焦及核燃料加工业用电量为 1302 亿 kW·h，比上年提高 9.0%；化学原料及化学制品业用电量为 4523 亿 kW·h，与上年持平，而化学原料及化学制品业的电力消费主要集中在电石、烧碱、黄磷和化肥四类产品的生产上，占行业 51.5%，占比较上年提高 4.7 个百分点。

2019 年，合成氨、电石、烧碱单位产品综合电耗分别为 938、3585、2643kW·h/t，比上年分别变化约−2.37%、20.6%、22.2%。与 2018 年单位单耗相比，2019 年合成氨、电石和烧碱生产实现的节电量分别为 10.7 亿、−203.8亿、−87.2 亿 kW·h。主要化工产品单位综合电耗变化情况，见表 2-2-2。

表 2-2-2 主要化工品综合电耗

产品	2015 年	2016 年	2017 年	2018 年	2019 年	2019 年节电量（亿 kW·h）
合成氨	989	983	968	961	938	10.7
电 石	3277	3224	3279	2972	3585	−203.8
烧 碱	2228	2028	1988	2163	2643	−87.2

石油和化学工业主要的节电措施包括：

（一）合成氨

(1) 合成氨节能改造综合技术。 该技术采用国内先进成熟、适用的工艺技术与装备改造的装置，吹风气余热回收副产蒸汽及供热锅炉产蒸汽，先发电后供生产用汽，实现能量梯级利用。关键技术有余热发电、降低氨合成压力、净化生产工艺、低位能余热吸收制冷、变压吸附脱碳、涡轮机组回收动力、提高变换压力、机泵变频调速等。该技术可实现节电 200～400kW·h/t，全国如半数企业实施本项工程可节电 80 亿 kW·h/年。

(2) 日产千吨级新型氨合成技术。 该技术设计采取并联分流进塔形式，阻力低，起始温度低，热点温度高，且选择了适宜的平衡温距，有利于提高氨净值，目前已实现装备国产化，单塔能力达到日产氨 1100t，吨氨节电 249.9kW，年节能总效益 6374.4 万元。目前，我国该技术已经处于世界领先地位。

(3) 高效复合型蒸发式冷却技术。冷却设备是广泛应用于工业领域的重要基础设备，也是工业耗能较高的设备。高效复合型冷却器技术具有节能降耗、环保的特点，与空冷相比，节电率 30%～60%，综合节能率 60% 以上。

(二) 电石

电石行业节电以电石炉技术改造为主：从采用机械化自动上料和配料密闭系统技术，发展大中型密闭式电石炉；大中型电石炉采用节能型变压器、节约电能的系统设计和机械化出炉设备；推广密闭电石炉气直接燃烧法锅炉系统和半密闭炉烟气废热锅炉技术，有效利用电石炉尾气。

(1) 加快密闭式电石炉和炉气的综合利用。密闭炉烟气主要成分是一氧化碳，占烟气总量的 80% 左右，利用价值很高。采用内燃炉，炉内会混进大量的空气，一氧化碳在炉内完全燃烧形成大量废气无法利用，同时内燃炉排放的烟气中 CO_2 含量比密闭炉要大得多，每生产 1t 电石要排放约 $9000m^3$ 的烟气，而密闭炉生产 1t 电石烟气排放量仅约为 $400m^3$（约 170kgce），吨电石电炉电耗可节约 250kW·h，节电率 7.2%。

(2) 蓄热式电石生产新工艺。热解炉技术与电石冶炼技术耦合，通过对干法细粉成型、蓄热式热解炉、高温固体热装热送、电石冶炼等技术的集成，改造传统电石生产线，具有自动化程度高、安全可靠、技术指标先进、装备易于大型化、污染物排放低等优点。应用该技术，与改造前相比节电 707.8kW·h/t，可实现节能 1057.5 万 tce/a，减排二氧化碳 2791.8 万 t/a。

(3) 高温烟气干法净化技术。该技术既可以避免湿法净化法造成的二次水污染，也能够避免传统干法净化法对高温炉气净化的过程中损失大量热量，最大程度保留余热，为进一步循环利用提供了稳定的气源，提高了预热利用效率，属于国内领先技术。经测算，一台 33 000kV·A 密闭电石炉及其炉气除尘系统每年实现减排粉尘 450 万 t，减排 CO_2 气体 3.72 万 t，节电 2175 万 kW·h，折合煤 1.9 万 t，直接增收 2036 万元。

（三）烧碱

(1) 离子膜生产技术普及。离子膜电解制碱具有节能、产品质量高、无汞和石棉污染的优点。我国不再建设年产 1 万 t 以下规模的烧碱装置，新建和扩建工程应采用离子膜法工艺。如果我国将 100 万 t 隔膜法制碱改造成离子交换膜法制碱，综合能耗可节约 412 万 tce。此外，离子膜法工艺具有产品质量高、占地面积小、自动化程度高、清洁环保等优势，成为新扩产的烧碱项目的首选工艺方法。

(2) 新型高效膜极距离子膜电解技术。将离子膜电解槽的阴极组件设计为弹性结构，使离子膜在电槽运行中稳定地贴在阳极上形成膜极距，降低溶液欧姆电压降，实现节能降耗，采用该技术产能合计 1215 万 t/年，每年节电 15.8 亿 kW·h。

(3) 滑片式高压氯气压缩机。采用滑片式高压氯气压缩机耗电 85kW·h，与传统的液化工艺相比，全行业每年可节约用电 23 750 万 kW·h，同时还可以减少大量的"三废"排放。

2.3　电力工业节电

电力工业自用电量主要包括发电侧的发电机组厂用电和电网侧的电量输送损耗两部分。2019 年，电力工业发电侧和电网侧用电量合计为 7563 亿 kW·h，占全社会总用电量的 10.3%。其中，厂用电量 3422 亿 kW·h，占全社会总用电量的 4.7%；线损电量 4142 亿 kW·h，占全社会总用电量的 5.7%。

发电侧：全国平均厂用电率略有下降。2019 年，全国 6000kW 及以上电厂综合厂用电率为 4.67%，比上年下降 0.02 个百分点。其中，水电厂厂用电率

0.24%，低于上年 0.01 个百分点；火电厂厂用电率 6.01%，高于上年 0.06 个百分点。中电联对 84 台 100 万千瓦级超超临界湿冷火电机组厂用电率统计来看，厂用电率为 3.9%，比上年统计值降低 0.07 个百分点；对 5 台 100 万千瓦级超超临界纯凝空冷机组厂用电率统计来看，厂用电率为 4.93%，比上年统计值降低 1.34 个百分点。

电网侧：全国线损率持续下降。 2019 年全国线损率为 5.93%，比上年下降 0.34 个百分点❶。

综合发电侧与电网侧，2019 年电力工业生产领域实现节电量 245 亿 kW·h。

电力工业的节电措施主要有：

(1) 加强电力需求侧管理工作。 2019 年 7 月起开始实施国家标准《电力用户需求响应节约电力测量与验证技术要求》（GB/T 37016）。2019 年开展的电力需求响应工作包括：江苏省开展的夏季首次削峰电力需求响应减少负荷达 402 万 kW，再创新高，并且邀请储能用户首次参与了削峰需求响应；山东对电力需求响应的市场竞价模式进行了积极尝试，通过电力交易平台组织了 230 万 kW 的电力需求响应竞价，每千瓦负荷最高补贴 30 元，2019 年山东全省迎峰度夏需求响应共计补偿 1460.31 万元。其中，削峰需求响应中 17 户用户符合补偿条件，累计补偿 915.40 万元；填谷需求响应中 143 户用户符合补偿条件，累计补偿 544.91 万元；天津市在 2019 年春节期间开展了首次市场化需求响应，创新竞价模式调动用户参与积极性，天津市电力需求响应中心的挂牌标志着全国首个城市级负荷资源管控中心正式落成。

(2) 开展综合能源服务。 2019 年，节能服务产业总产值以 9.4% 的增速平稳发展，达到 5222.37 亿元，全国从事节能服务的企业 6547 家，行业从业人数 76.1 万人，节能与提高能效项目投资 1141.12 亿元，形成年节能能力 3801.13 万 tce，年减排二氧化碳 10 300.71 万 t。节能服务产业依然是拉动国民经济增

---

❶　中国电力企业联合会发布的《2020 年中国电力行业年度发展报告》。

长的积极因素，发挥了战略新兴产业的支柱作用。满足多元化能源生产和消费需求的综合能源服务成为 2019 年投资关键词。综合能源服务业务包含港口岸电、分布式能源、储能、微网、负荷控制、需求侧响应、暖通、蓄冷、蓄热等。在行业不断整合的趋势下，智慧电网、智慧水务、智能供暖等概念层出不穷，对相关基础设施的精细化、动态化管理有助于能源的综合利用，加快形成资源节约型社会，降低社会用能成本。2019 年综合能源服务实现业务收入 110 亿元，比上年增长 125%。

(3) 推进农网改造和电网升级。按照国家部署，到 2020 年，我国农村地区基本实现稳定可靠的供电服务全覆盖，供电能力和服务水平明显提升，农村电网供电可靠率达到 99.8%，将建成结构合理、技术先进、安全可靠、智能高效的现代农村电网。"十三五"期间，国家电网公司还将继续推进智能电网和智能变电站建设，预计会再建 8000 多座智能变电站。《南方电网发展规划（2013-2020 年)》也指出，将加强城乡配电网建设，推广建设智能电网，到 2020 年城市配电网自动化覆盖率达到 80%。2019 年，全国电网工程建设完成投资 4856 亿元，其中 110kV 及以下电网投资占电网投资的比重为 63.3%，比上年提高 5.9 个百分点。全国基建新增 220kV及以上变电设备容量 23 042 万 kV·A，比上年多投产 828 万 kV·A；新增 220kV 及以上输电线路长度 34 022km，比上年少投产 7070km；新增直流换流容量 2200 万 kW，比上年减少 1000 万 kW。2019 年，全国跨区、跨省送电量分别完成 5405 亿 kW·h 和 14 440 亿 kW·h，分别比上年增长 12.2%和 11.4%。

(4) 推广电厂节电技术。选用节能型变压器，选用节能型变压器可显著降低变压器的空载损耗、负载损耗。考虑将备自投方式由明备用的热备用方式变换为暗备用的内桥断路器备自投方式，减少备用变压器的空载损耗、节能降耗。辅助设备的技术改造，在保证安全运行情况下加装变频器，电机设备由工频改为变频运行模式，做到不同工况下的设备节能；冷却系统考虑在发电机转子上安装风斗，加强空气流通冷却，提高机组降温散热效果。机组设备的经济运行，通过运行时负荷优化调整，避免机组长时间低负荷运行和减少机组空转耗水量；设备运行中，尽量减少无功功率，提高发电机效率，既能降低主变压器和定子的温升，保证设备安全稳定运行，又能降低发供电过程中的损耗，提高输送功率。厂内照明的合理管理，厂内照明要充分利用自然光照，合理规划区分不同区域的照度要求。厂内照明应使用高效节能、寿命长的节能灯器具，节能灯具较普通灯具可节电70%～80%。同时在厂内区分正常工作和夜间工作模式，采用分区照明、间隔开灯等方式，对于非重点工作区域采用不同的线路控制等措施。

2.4 工业用电效率及节电量

相比2018年，2019年7种工业产品实现节电量－120亿kW·h，见表2-2-3。其中，烧碱、电石的单位综合电耗上升，钢、电解铝、水泥、平板玻璃、合成氨等5类产品的单位综合电耗降低。按照用电比例推算，2019年制造业节电量约556亿kW·h。此外，综合发电侧与电网侧，2019年电力工业生产领域节电量245亿kW·h。相比2018年，2019年工业部门节电量共计约为801亿kW·h。

表2-2-3　　　　我国重点高耗能产品电耗及节电量

类别	单位	产 品 电 耗					2019年比2018年节电量（亿kW·h）
		2015年	2016年	2017年	2018年	2019年	
钢	kW·h/t	472	468	468	452	438	139
电解铝	kW·h/t	13 562	13 599	13 577	13 555	13 531	8
水泥	kW·h/t	86	86	85	84.5	84.0	12
平板玻璃	kW·h/重量箱	6.5	6.2	6.0	5.9	5.8	1
合成氨	kW·h/t	989	983	968	961	938	11

类别	产 品 电 耗						2019 年比 2018 年节电量（亿 kW·h）
	单位	2015 年	2016 年	2017 年	2018 年	2019 年	
烧碱	kW·h/t	2228	2028	1988	2163	2643	− 87
电石	kW·h/t	3277	3224	3279	2972	3585	− 204
合　计							− 120

数据来源：国家统计局；国家发展改革委；工业和信息化部；中国煤炭工业协会；中国电力企业联合会；中国钢铁工业协会；中国有色金属工业协会；中国建材工业协会；中国化工节能技术协会；中国造纸协会；中国化纤协会。

3

建筑节电

🛰 **本章要点**

（1）建筑领域用电量增速下降，占全社会用电量比重继续上升。2019 年，全国建筑领域用电量为 20 360 亿 kW·h，比上年提高 7.6%，占全社会用电量的比重为 28.1%，上升 0.5 个百分点。

（2）2019 年建筑领域实现节电量 2578 亿 kW·h。2019 年，建筑领域通过对新建建筑实施节能设计标准，对既有建筑实施节能改造，推广绿色节能照明、高效家电，普及节能智能家电，以及大规模应用可再生能源等节电措施，实现节电量 2578 亿 kW·h。其中，新建节能建筑和既有建筑节能改造实现节电量 458 亿 kW·h，推广高效照明设备实现节电量 1400 亿 kW·h，推广高效家电实现节电量 720 亿 kW·h。

3.1　综述

随着建筑规模的扩大和既有建筑面积的增长，我国建筑运行能耗大幅增长。我国建筑存量大，据不完全统计，已经超过 400 亿 m^2，大部分采用是常规能源，建筑运行能耗约占全国能源消耗总量的 20%。如果加上当年由于新建建筑带来的建造能耗整个建筑领域的建造和运行能耗占全国能耗总量的比例高达35% 以上。

2019 年，全国建筑领域用电量为 20 360 亿 kW•h，比上年提高 7.6%，占全社会用电量的比重为 28.1%，上升 0.5 个百分点。我国建筑部门终端用电量情况，见表 2 - 3 - 1。

表 2 - 3 - 1　　　　　　　　　我国建筑部门终端用电量　　　　　　　亿 kW•h

类　　别	2011 年	2012 年	2013 年	2014 年	2015 年	2016 年	2017 年	2018 年	2019 年
全社会用电量	46 928	49 657	53 423	56 393	56 933	59 474	63 077	69 163	72 255
其中：建筑用电	10 727	11 909	12 772	12 680	13 479	14 950	16 092	18 928	20 360
其中：民用	5646	6219	6793	6936	7285	8071	8694	9697	10 250
商业	5082	5690	6670	5744	6194	6879	7398	9229	10 110

数据来源：中国电力企业联合会；国家统计局。

3.2　主要节电措施

（1）新建节能建筑执行节能设计标准。

2019 年，新建建筑执行节能设计标准形成节能能力 1865 万 tce，既建筑节能改造形成节能能力 427 万 tce。根据相关材料显示建筑能耗中电力比重约为55%，由此可推算，2019 年新建节能建筑和既有建筑节能改造形成的节电量约为 458 亿 kW•h。

(2) 提升 LED 照明产品渗透率。

民用建筑中电气照明是一项能耗较高的工程，占所有用电量 20％以上，公共建筑中照明能耗约占 25％，在设计和使用中采取节能措施有很大的节能潜力。由于具有体积小、高亮度低热量、环保、可控性强等特征，LED 灯具被广泛应用在各照明领域中。

随着 LED 芯片技术和制程持续更新迭代，LED 照明产品的发光效率、技术性能、产品品质、成本经济性不断大幅提升；加之产业链相关企业和投资不断增多，LED 光源制造和配套产业的生产制造技术不断升级，终端产品规模化生产的成本经济性进一步提高，目前 LED 照明产品已成为家居照明、户外照明、工业照明、商业照明、景观亮化、背光显示等应用领域的主流应用，LED 照明产品替代传统照明产品的市场渗透率不断提升。

国家出台了一系列 LED 照明产业规划和政策，有效地推动了照明行业健康、有序、快速发展。2019 年出台了《建筑照明设计标准（征求意见稿）》《公路隧道 LED 照明设计与施工技术指南》《LED 夜景照明应用技术要求（征求意见稿）》等行业设计标准。

近年来我国国内 LED 照明产品产量持续增长，2018 年产量约 135 亿只（套），估计 2019 年产量增长为 176 亿只/套，销量达 81 亿只/套。据相关机构估算，我国 LED 照明产品国内市场渗透率即 LED 照明产品国内销售数量与照明产品国内总销售数量之比不断上升。截至 2019 年，我国 LED 照明产品渗透率达到 76％。综合渗透规模以及能效技术进步，2019 年推广绿色照明可实现年节电量约 1400 亿 kW·h。

(3) 节能智能家电普及。

2019 年 1 月，国家发展改革委等十部委印发了《进一步优化供给推动消费平稳增长促进形成强大国内市场的实施方案（2019 年）》。促进家电消费方面，家电补贴将主要应用于支持绿、智能家电销售和促进家电产品更新换代两个方面。国务院以及国家发展改革委、商务部等政府部门部署推动电子电器产品

"以旧换新"，促使废旧家电能够有效回收利用，消费者得到专项优惠和补贴，促进消费者家电产品更新换代、节能减排。家电渠道苏宁易购、京东、国美等市场主体都积极开展电子电器产品"以旧换新"。6月6日，国家发展改革委、生态环境部、商务部三部委发布《推动重点消费品更新升级畅通资源循环利用实施方案（2019－2020年)》，提出要持续推动家电和消费电子产品更新换代。鼓励消费者更新淘汰能耗高、安全性差的电冰箱、洗衣机、空调、电视机等家电产品，有条件的地方对消费者购置节能、智能型家电产品给予适当支持。国家发展改革委综合司相关专家表示参照国家发展改革委、财政部曾经实施的"节能产品惠民工程"，采用财政补贴等方式推广高效节能智能产品，对购买一级能效的变频空调、冰箱、滚筒洗衣机、平板电视等产品的消费者给予适当补贴。若该政策在全国推广，在2019－2021年期间，预计可以增加1.5亿台高效节能智能家电的销售，拉动消费约7000亿元，全生命周期节电大概是800亿 kW·h❶。

2019年8月27日，国务院印发《关于加快发展流通促进商业消费的意见》。该政策支持绿色智能商品以旧换新，鼓励具备条件的流通企业回收消费者淘汰的废旧电子电器产品，折价置换超高清电视、节能冰箱、洗衣机、空调、智能手机等绿色、节能、智能电子电器产品，扩大绿色智能消费。该政策对产业的发展方向给出了明确的指引。

强制性标准也在不断提高。2019年4月4日，国家标准化管理委员会下达了多项强制性国家标准制修订计划的通知，将116项家电强制性标准整合为安全、健康、节能环保3项强制性国家标准。6月，《家用和类似用途电器通用要求电器安全》《家用和类似用途电器通用要求健康安全》《家用和类似用途电器通用要求节能环保》三项强制性国家标准起草工作正式启动。

---

❶ 数据来源：国家发展改革委就介绍《进一步优化供给推动消费平稳增长 促进形成强大国内市场的实施方案（2019年)》有关情况举行发布会上部分专家发言。

《绿色高效制冷行动方案》于 2019 年发布，方案提出到 2022 年，家用空调能效准入水平提升 30%、多联式空调提升 40%、冷藏陈列柜提升 20%、热泵热水器提升 20%。到 2030 年，主要制冷产品能效准入水平再提高 15% 以上。加快新制定数据中心、汽车用空调、冷库、冷藏车、制冰机、除湿机等制冷产品能效标准，淘汰 20%～30% 低效制冷产品。鼓励龙头企业制定严于国家标准的企业标准，争当企业标准"领跑者"。制修订公共建筑、工业厂房、数据中心、冷链物流、冷热电联供等制冷产品和系统的绿色设计、制造质量、系统优化、经济运行、测试监测、绩效评估等方面配套的国家标准或行业标准。

《房间空气调节器能效限定值及能效等级》（GB 21455－2019）于 9 月形成征求意见稿，将定速和变频空调能效标准合二为一的新国标。《单元式空气调节机能效限定值及能效等级》（GB 19576－2019）、《低环境温度空气源热泵（冷水）机组能效限定值及能效等级》（GB 37480－2019）于 2020 年正式实施。这一系列行业标准的出台和修订，将倒逼行业升级，加速落后产能淘汰。

据全国家用电器工业信息中心数据显示，2019 年国内市场家电零售额规模 8032 亿元，比上年减少 2.2%。其中传统彩电、空调、冰箱出现了下滑，尤其是彩电产品呈现两位数下滑[1]；洗衣机虽然由于明显的产品升级实现增长，但是增长幅度很小；厨卫产品中烟机、灶具、热水器都出现规模下滑；生活家电产品整体规模增长。据全国家用电器工业信息中心数据显示，2019 年国内市场彩电销售量规模 4655 万台，比上年减少 1.1%，销售额规模 1282 亿元，比上年减少 10.6%。空调市场从 2018 年开始下滑，在 2019 年持续进行。据全国家用电器工业信息中心数据显示，2019 年空调国内市场规模 1912 亿元，较上年降低 3.4%。有关专家表示，在政策利好、技术进步、居民收入提升等因素驱动下，居民对于老旧电子电器产品的更新换代需求和智能、绿色等电子电器产品升级需求渐趋明显。十年前，"家电下乡""节能补贴"等政策将家电送入千

---

[1] 部分数据来源于《中国家电行业年度报告（2019）》。

家万户，促进了国内家电产业的稳步发展。随着首批家电下乡产品安全使用周期的结束，家电换新需求迎来高峰期❶。相关数据显示，2019 年 11 月底，苏宁平台"以旧换新"总转化金额 60 亿，参与补贴人数 133 万人次，换新台数超 200 万单，回收电子电器产品件数 285 万件，其中传统家电换新占比 83％。

据统计，家电年耗电量占全社会居民用电总量的 80％。综合以上政策及市场分析，推算 2019 年，我国主要节能家用电器可节电约 720 亿 kW•h。

（4）在建筑领域推广可再生能源技术。

可再生能源是节能建筑技术体系中重要的组成部分。合理地使用太阳能热水系统、太阳能光伏系统、太阳能光电系统、太阳能照明系统、地源热泵系统及风电系统等技术是中和建筑自身能耗的必要措施。

《建筑节能与绿色建筑发展"十三五"规划》要求，到 2020 年，全国城镇新增太阳能光热建筑应用面积 20 亿 m² 以上，新增浅层地热能建筑应用面积 2 亿 m² 以上，新增太阳能光电建筑应用装机容量 1000 万 kW 以上。在"十三五"规划中，明确提出了光电建筑发展的发展路线，到 2020 年末，力争使新建光电建筑占新建绿色建筑的 25％。

光伏建材（BIPV）是指将太阳能电池组件与普通建筑材料结合成一体的新型建筑材料，如光伏瓦、光伏玻璃等。光伏建筑一体化适用于绝大多数建筑立面、屋顶和幕墙等。主要优势在于集成的 BIPV 组件可以构成建筑外立面或遮阳等装置，不仅增加了建筑可提供的可再生能源应用面积，而且兼具现场发电的功能，将建筑从耗能方转变为供能方，为实现建筑零能耗和零碳排放提供可行的途径。

3.3 建筑用电效率及节电量

2019 年，新建节能建筑和既有建筑节能改造实现节电量 458 亿 kW•h，推

---

❶ 观点来源：2019 年电子电器产品消费报告发布会。

广应用高效照明设备实现节电量 1400 亿 kW·h，推广高效家电实现节电量 720
亿 kW·h。经汇总测算，2019 年建筑领域主要节能手段约实现节电量 2578 亿
kW·h。我国建筑领域节电情况，见表 2-3-2。

表 2-3-2　　　　　　　　我国建筑领域节电情况统计　　　　　　　　亿 kW·h

类　　别	2013 年	2014 年	2015 年	2016 年	2017 年	2018 年	2019 年
新建节能建筑和既有建筑节能改造	276	223	331	292	350	375	458
高效照明设备	471	460	1000	1400	1750	2000	1400
高效家电	550	554	551	490	680	740	720
总　计	1297	1237	1882	2182	2780	3115	2578

注　建筑节电量统计不包括建筑领域可再生能利用量。

4

交通运输节电

⚡ **本章要点**

(1) 电气化铁路用电量增速比上年提高。截至 2019 年底，电气化里程 10.0 万 km，比上年增长 8.7%，电气化率 71.9%，比上年提高 1.9 个百分点。2019 年，全国电气化铁路用电量为 684 亿 kW·h，比上年增长 8.7%，占交通运输业用电总量的 43% 左右。

(2) 电力机车综合电耗持续下降，电气化铁路节电量较去年进一步减少。2019 年，电力机车综合电耗为 100.91 kW·h/（万 t·km），比上年降低 0.04 kW·h/（万 t·km）。根据电气化铁路换算周转量（32 275 亿 t·km）计算，2019 年，我国电气化铁路实现节电量约为 1291 万 kW·h，较 2018 年减少 809 万 kW·h。

4.1 综述

在交通运输领域的公路、铁路、水运、民航等 4 种运输方式中，电气化铁路用电量最大。

近年来，随着电气化铁路快速发展，用电量也逐年上升。截至 2019 年底，电气化里程 10.0 万 km，比上年增长 8.7%，电气化率 71.9%，比上年提高 1.9 个百分点❶。其中，我国高速铁路发展迅速，截至 2019 年底，我国高铁营业里程达 3.5 万 km，居世界第一位。全国电力机车拥有量为 1.37 万台，占全国铁路机车拥有量的 62.3%。

2019 年，全国电气化铁路用电量为 684 亿 kW·h，比上年增长 8.7%，占交通运输业用电总量的 43% 左右。

4.2 节电措施

交通运输系统中，铁路耗电量最高。目前中国铁路年耗电量为 700 亿 kW·h，是耗能大户，如耗电量节约达到 10%，将产生巨大的经济和社会效益。其中电气化铁路是节电的重点领域，优化牵引动力结构、推进节能技术应用，加强基础设施及运营管理等是实现电气化铁路节电的有效途径。

（1）优化牵引动力结构。

铁路列车牵引能耗占整个铁路运输行业的 90% 左右。根据相关测算结果❷，内燃机车牵引铁路与电力牵引铁路的能耗系数分别为 2.86 和 1.93，

❶ 铁道，2019 年铁道统计公报。
❷ 高速铁路的节能减排效应，中国能源报第 24 版，2012 年 5 月 14 日。

电力机车的效率比内燃机车高54％。截至2019年底，全国铁路机车拥有量为2.2万台，其中内燃机车占36.36％，电力机车占62.27％，电力机车比重较去年上升0.37个百分点。

（2）推进节电技术应用。

运用飞轮混合储能系统。 将电气化铁路运行特点与飞轮储能系统削峰填谷的功能相结合，可以有效降低两部制电价中基本电费的收取，吸收再利用机车制动时产生的再生电能，治理电气化铁路中以负序为主的电能质量问题，对电气化铁路节能降耗及电能质量改善具有重要意义。

（3）加强基础设施及运营管理。

加强客站空调管理。 空调类用能设备能耗占整个车站后期管理运营能耗的60％～80％，所以节电方面空调管理尤为重要。采用"中央空调主机智能节电管理系统"是通过采集末端和室外的温、湿度变化信号，经过服务器AS4N分析和运算，给出控制信号到控制器GCRE，控制器控制主机按原厂自有的逻辑调节空调负载。把空调主机和末端直接、统一管理，实现了中央空调系统的协调、即时运行和综合性能优化。

实施港口岸电、空港陆电改造。 2019年10月，国家能源委员会会议上提出以铁路"以电代油"、港口岸电、空港陆电改造为突破口，提高终端用能电力比重，推动重点领域节能改造和能源消费转型升级。

> 福州某机场实施"空港陆电"改造后，"空港陆电"通过在登机廊桥处安装静变电源和飞机地面专用空调，直接为停靠廊桥的飞机供应电力和冷气。仅以能耗成本计算，采用空港陆电后，单架次A320机型每小时停靠廊桥的用电成本为156元，较航油成本节省约80％。

4.3 交通运输用电效率及节电量

2019 年，电力机车综合电耗为 100.91kW·h/（万 t·km），比上年降低 0.04kW·h/（万 t·km）。根据电气化铁路换算周转量（32 275 亿 t·km）计算，2019 年，我国电气化铁路实现节电量为 1291 万 kW·h。

5

全社会用电效率及节电量

本章要点

（1）全国单位 GDP 电耗由升转降。2019 年，全国单位 GDP 电耗 813kW·h/万元（按 2015 年价格计算，下同），比上年下降 1.9%，改变了上年上升的态势。

（2）全社会节电成效良好。与 2018 年相比，2019 年我国工业、建筑、交通运输部门合计实现节电量 3379 亿 kW·h。其中，工业部门节电量为 801 亿 kW·h，建筑部门节电量为 2578 亿 kW·h，交通运输部门节电量为 0.13 亿 kW·h。节电量可减少二氧化碳排放 1.9 亿 t，减少二氧化硫排放 37.2 万 t，减少氮氧化物排放 37.2 万 t。

5.1 用电效率

全国单位 GDP 电耗比上年下降。2019 年，全国单位 GDP 电耗 813 kW·h/万元[1]（按 2015 年价格计算，下同），比上年下降 1.9%。2015 年以来我国单位 GDP 电耗及其变化情况，见表 2-5-1。

表 2-5-1 　　　 2015 年以来我国单位 GDP 电耗及变动情况

年份	单位 GDP 电耗（kW·h/万元）	增速（%）
2015	830	—
2016	816	−1.7
2017	814	−0.2
2018	828	1.8
2019	813	−1.9

5.2 节电量

与 2018 年相比，2019 年我国工业、建筑、交通运输部门合计实现节电量 3379 亿 kW·h。其中，工业部门节电量约为 801 亿 kW·h，建筑部门节电量 2578 亿 kW·h，交通运输部门节电量至少 0.13 亿 kW·h。节电量可减少二氧化碳排放 1.9 亿 t，减少二氧化硫排放 37.2 万 t，减少氮氧化物 37.2 万 t。2019 年我国主要部门节电量见表 2-5-2。

---

[1] 本节电耗和节电量均根据《中国电力行业年度发展报告 2020》和《中国统计年鉴 2020》公布的数据测算。

表 2 - 5 - 2　　　　　　　　　**2019 年我国主要部门节电量**

部门	2019 年	
	节电量（亿 kW·h）	比重（%）
工业	801	23.7
建筑	2578	76.3
交通运输	0.13	0.0
总计	3379	100

专题篇

1

促进节能减排的碳排放权交易机制

2020 年 9 月 22 日，习近平主席在第七十五届联合国大会一般性辩论上提出中国将采取更加有力的政策和措施，二氧化碳排放力争于 2030 年前达到峰值，努力争取 2060 年前实现碳中和。生态环境部表示，为了推进生态文明建设，更好履行《联合国气候变化框架公约》和《巴黎协定》，在应对气候变化和促进低碳发展中充分发挥市场机制作用，加强对温室气体排放的控制和管理，"十四五"期间将加快全国碳排放交易市场的建立。

1.1 碳交易机制对节能减排的作用分析

1.1.1 碳交易的基本原理

碳交易机制是一种市场化的交易机制。政府会基于上一年碳排放情况设定下一年市场碳排放总额，并且该额度逐年降低，从而实现整体的碳减排。对于参与碳交易的市场主体（当前是发电企业），每个企业都有一个规定的碳配额，企业全年碳排放不能超过该额度。市场中的企业将有三个选择：第一，研发投入，技术创新，减少企业自身碳排放，并且如果实际碳排放低于碳配额，差量部分可以在市场中以市场价格出售碳排放权；第二，如果碳排放超过碳配额，可以以市场价格从其他企业购买碳排放权以此抵消超出的碳排放；第三，不投入研发，不购买碳排放权，如果碳排放超过碳配额则接受罚款，罚款额由政府规定并且远高于投入研发及购买碳排放权的成本。假设企业均为理性行为人，企业的目标为利润最大化，首先，其不会选择接受罚款；其次，碳排放权的市场交易价格是不确定的，波动风险较大，对企业带来的经营风险较大；最后，其倾向于选择研发投入促进技术进步，因为技术进步的投入既可以降低企业生产的边际成本以获得更高的利润，又可以出售因减排技术而节省的碳排放权以获得额外利润。因此，碳交易一方面可以促进减排，另一方面可以激励企业研发和应用减排技术。

1.1.2 碳交易对节能减排的作用机理

工业行业是碳排放大户，碳交易试点政策的实施必然会影响到工业二氧化碳排放量，同时也会对工业产出产生一定的影响，即影响工业碳排放绩效。具体地，碳交易通过碳配额约束工业企业的碳排放行为，倒逼工业企业进行碳减排，一方面，企业会选择调整能源消费结构，减少煤炭、石油等传统能源在能源消费中占的比重，积极开发利用新能源，这将促使工业企业加大科技投入，进行技术创新，而能源环保技术创新有助于能源效率的提升，从而在不降低工业产值的情况下减少工业企业二氧化碳排放量；另一方面，一些资金、技术基础薄弱的中小企业，因既无力支付碳配额的购买成本又无力加大科技投入，便会通过缩小生产规模、减少产量来达到市场配额要求，这虽然能够达到减少二氧化碳排放的目的，却也减少了经济产值，不利于企业和工业经济长期健康发展。不管工业企业如何选择，碳交易都会影响到其自身产出，又影响到其二氧化碳排放量，进而影响到整个工业行业的碳排放绩效。碳交易对工业碳排放绩效的作用机理如图 3-1-1 所示。

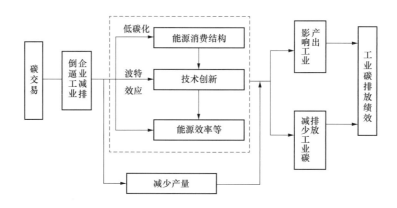

图 3-1-1　碳交易对工业碳排放绩效的作用机理

1.2 碳交易机制的欧盟经验

1.2.1 欧盟碳交易市场

欧盟碳交易体系（Emissions Trading System，也称 EU‐ETS）是依据欧盟议会（European Parliament）和欧盟理事会（European Council）2003 年 10 月批准的《建立欧盟温室气体排放配额交易体系指令》（2003/87/EC）于 2005 年 1 月 1 日建立的。EU‐ETS 是欧盟应对气候变化政策的基石，是低成本有效降低温室气体排放的关键工具。为保证实施过程的可控性，EU‐ETS 的实施是分为三个阶段逐步推进的，各阶段的政策设计有明显不同，其覆盖范围、配额分配方式、交易规则等相关制度也发生了较大的变化。

第一阶段：2005 年 1 月 1 日至 2007 年 12 月 31 日，主要为《京都议定书》积累经验、奠定基础。该阶段所限制的温室气体减排许可交易仅涉及二氧化碳，行业覆盖能源、石化、钢铁、水泥、玻璃、陶瓷、造纸，以及部分其他具有高耗能生产设备的行业，并设置了被纳入体系的企业的门槛。第一阶段覆盖的行业占欧盟总排放的 50%。EU‐ETS 成立元年，实现了 3.6 亿 t 二氧化碳当量的欧洲排放单位（European Union Allowances，简称 EUA）现货交易，金额超过 72 亿欧元，期货、期权交易规模更为可观。

第二阶段：2008 年 1 月 1 日至 2012 年 12 月 31 日，排放限制扩大到其他温室气体（二氧化硫、氟氯烷等）和其他产业（交通），时间跨度与《京都议定书》首次承诺时间保持一致。至 2012 年第二阶段截止时，欧盟排放总量相较 1980 年减少 19%，而经济总量增幅达 45%，单位 GDP 能耗降低近 50%。

第三阶段：2013 年 1 月 1 日至 2020 年 12 月 31 日，减排目标设定为总量减排 21%（2020 年相比 2005 年），年均减排 1.74%，所覆盖的产业也进一步扩大。其中最引人注目的是航空业被正式纳入 EU‐ETS 的覆盖范围。EU‐ETS 三阶段覆盖范围变化、配额分配机制变化见表 3-1-1 和表 3-1-2。

表 3-1-1   EU-ETS 三阶段覆盖范围变化

阶段	覆盖国家	覆盖行业	覆盖温室气体
第一阶段 2005—2007 年	27 个成员国	电力、石化、钢铁、建材	CO_2
第二阶段 2008—2012 年	27 个成员国	2012 年新增航空业	CO_2
第三阶段 2013—2020 年	新增冰岛、挪威、列支敦士登；2014 年新增克罗地亚	新增化工和电解铝；各国可以适当调整	CO_2＋PFC（电解铝）＋N_2O（化工）

表 3-1-2   EU-ETS 三阶段配额分配机制变化

阶段	减排目标	总量设定	拍卖比例	分配方法	新进入者配额
第一阶段 2005—2007 年	《京都议定书》目标	22.36 亿 t/年	最多 5%	历史法	基线法免费分配，先到先得
第二阶段 2008—2012 年	在 2005 年基础上减排 6.5%	20.98 亿 t/年	最多 10%	历史法	基线法免费分配，先到先得
第三阶段 2013—2020 年	在 1990 年基础上减排 20%	18.46 亿 t/年	最少 30%；2020 年 70%	基线法	基线法免费分配，先到先得

1.2.2　欧盟碳市场的成功经验

回顾 EU-ETS 的发展，稳定企业履约目的带动的碳排放权需求是稳定市场的核心。欧盟碳交易市场实施至今拥有活跃的交易量，其主要原因为：第一，配额自上而下强制分配，控制总量，并增大有偿分配比重；第二，多采用基准法分配，以单位活动排放先进值作为基准，鼓励积极进行减排行动的生产企业；第三，限制减排量的抵消条件，降低其供给带来的市场冲击。

EU-ETS 初期就已启动碳排放权现货和期货交易，吸引各类投资者参与，增强市场流动性，推动市场对碳价及减排成本的发现作用。目前欧盟碳交易市场非常活跃，且期货交易占总交易量的 90% 左右。以 20 亿 t EUA 的分配量计算，EU-ETS 的市场活跃度（交易量/配额总量）在 400% 左右，并随着配额发放量的减少不断提升。

　　2019 年 12 月，欧盟委员会发布《欧洲绿色协议》（简称《协议》），该《协议》几乎涵盖了所有经济领域，是一份全面的欧盟绿色发展战略，描绘了欧洲绿色发展战略的总体框架，并提出了落实该协议的关键政策和措施的初步路线图。其中进一步扩大了碳交易的涉及领域，即加快向可持续与智慧出行转变，打造智慧交通运输管理系统，计划将欧盟碳排放权交易扩大至海运业，扩大可持续替代运输燃料的产量与部署，大幅减少交通运输污染。

1.3　我国碳交易机制的发展现状及政策建议

　　我国为实现新的碳达峰目标和碳中和愿景，将坚持维护《联合国气候变化框架公约》《巴黎协定》以及实施细则，改善全球气候治理大环境，提高能权、排污权及碳排放权的交易市场的发展速度。

1.3.1　我国碳交易相关政策及解读

　　2011 年，国家发展改革委宣布建立碳配额交易试点区域，依照《关于开展碳排放交易试点工作的通知》，北京、上海、深圳、重庆、广东、天津、湖北七个省（市）作为试点区域，其中深圳的碳排放交易所在 2013 年率先建立，其余试点也在 2014 年年中之前相继建立交易试点。2014 年 9 月颁布的《国家应对气候变化规划（2014－2020 年）》也明确了我国 2020 年前针对气候环境变化的工作目标及任务内容。经过几年的沉淀，2016 年颁布了《碳排放权管理条例》，明确了建立全国范围内统一的碳排放权交易市场的目标及相关机制的依据和构建方向。同年，福建碳交易市场启动。

　　2019 年 3 月，为更好地落实完善碳交易机制，生态环境部起草了《碳排放交易管理暂行条例（征求意见稿）》，其中主要涉及两方面重要的内容：一是规定了开放重点排放单位以及其他符合规定的自愿参与单位与个人的碳排放交易权，在购买碳排放交易权的同时也可以出售甚至抵押其依法取得的碳排放权；

二是为规范碳交易市场，预防恶意操纵碳价等行为，规定对监审确认的操纵碳排放权交易以及其他违反碳排放权交易的行为予以处罚，对于逾期未改的可处以涉及金额5～10倍的罚款，并强调其相关违法行为将纳入信用管理体系。《碳排放交易管理暂行条例（征求意见稿）》的推行，一方面有利于加快拓展碳交易市场的规模以及引入更多市场资金和投资者，另一方面加强了碳交易市场的规范性，提高了惩罚力度，有利于市场的良性发展。

2020年11月2日，生态环境部印发了《关于公开征求〈全国碳排放权交易管理办法（试行）〉（征求意见稿）和〈全国碳排放权登记交易结算管理办法（试行）〉（征求意见稿）意见的通知》，进一步推动了全国碳排放市场的建立。上述两个征求意见稿明确，将对接试点碳市场，自该办法实施之日起，参与全国碳排放权交易市场的重点排放单位，不重复参与相关省（市）碳排放权交易试点市场的排放配额分配和清缴等活动。生态环境部负责建立和管理全国碳排放权交易系统。但是，对于从试点转入全国碳市场后，结余配额是否该结转至全国碳市场，如果结转，如何确定碳市场价格等，还未有定论。同时，征求意见稿涉及试点市场电力行业配额的清缴，对碳价升降将产生何种影响有待观察。

1.3.2 我国碳交易市场发展现状

当前我国碳交易市场覆盖8个行业重点排放企业，分别为石化、化工、建材、钢铁、有色、造纸、电力和航空行业。截至2020年11月2日，我国碳市场交易价格、交易量和交易额分别如图3-1-2～图3-1-4所示。

我国多个碳交易试点并存，并结合当地的实际情况，因地制宜地制定本土化的政策，与各类改革的路径逻辑相承接，因此各个试点的制度差异性比较大，对初次碳分配的模式、各种模式所占的比例、分配所按照的方法，以及碳市场所覆盖的行业范围都有所不同。从配额分配方式来看，大多数试点初次分配都采用了免费的形式，所有的试点包括履约企业，除了重庆市外，都包含了

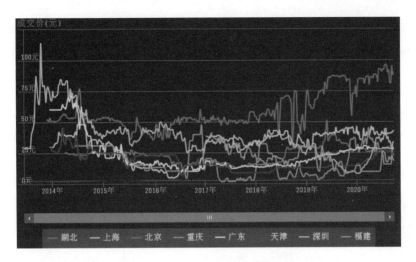

图 3‐1‐2 全国碳交易价格

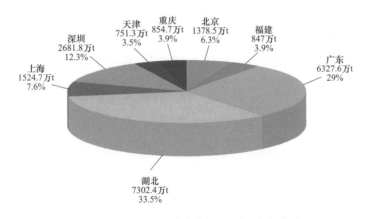

图 3‐1‐3 全国碳交易量及各试点占比

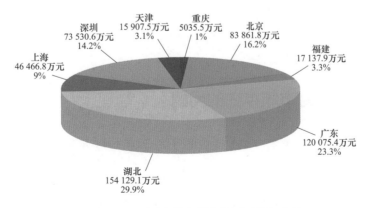

图 3‐1‐4 全国碳交易额及各试点占比

机构投资者，湖北、深圳、福建等试点还允许个人进行碳投资。在这些试点城市中，从额度分配的模式上来看，碳交易市场活跃的地区一般为无偿和有偿搭配的方法，而不活跃的地区通常均为免费分发，且这些额度的分发会考虑到行业数据的增长。从分发额度的具体操作来看，大多数应用测定行业的基准线水平和统计以往的排放强度的办法，或者考虑过去的累积排放总量以及三者相互结合酌情使用的方法。碳交易市场通常会对一定的行业进行覆盖，一般会考虑发电、能源、建筑等高污染、高排放的行业。

从碳排放权交易量和成交额度来看，湖北、广东、北京和深圳的碳交易量和成交额较大，这四个碳交易市场包括的行业广，参与的企业多。天津、重庆和福建的碳交易量和成交额较低，碳交易市场活跃程度不高。各个试点市场的运行状况有较大差别。

从碳交易价格来看，北京碳交易市场的价格最高，其他试点市场的价格整体水平在 20～50 元/t，天津、重庆和福建的碳交易价格比较低迷，且价格的波动性比较强。

从交易种类和方式上来看，目前碳交易市场的种类以碳现货为主，碳金融衍生品尤其是碳期货的交易比较少，目前推出碳远期产品的试点有广东、上海和湖北，广东省采用的形式是非标准化协议的场外交易形式，而湖北和上海则采用的是标准化的碳远期协议，这与标准化的期货比较接近，但是这些交易持续的时间短、占总交易量的比例极小，是一种实验性的市场行为，且监管模式尚不成熟，法律不明确。

1.3.3　我国碳交易市场存在的问题

碳排放交易市场发展至今，体制机制等各方面逐步完善，但仍存在一些主要问题：

碳期货交易市场尚不成熟。从欧盟的发展经验来看，碳交易市场初期以现货产品为主，最终向碳期货产品发展。碳期货可以在长期持续地给予投资者稳定的价格预期，标准化的期货产品也可以降低法律风险，及时发送市场信号。当前我国碳交易市场大多为现货产品，碳期货交易尚不成熟。

碳交易市场与金融市场互动缺乏。我国碳金融产品的品类虽然比较丰富，如碳信托产品、碳配额的抵押和质押等，但尚未实现规模化发展，说明目前我国的碳交易市场和金融市场结合程度欠佳。同时，金融机构中相应的碳金融人才相对匮乏，对碳金融市场了解程度不深，专业性的研究不足，较难对碳交易产品进行价格的确定，因此碳金融产品的标准化程度低，风险比较大。

企业参与碳交易的积极性较低。目前，很多企业认为积极参与政府主导的碳交易可能会使得公司在减排方面的成本相应增加，从而降低产品利润。与此同时，国家减排目标在具体排放企业落实的缺失，使得企业在非强制性条件下，缺乏自主减排的积极性。企业交易积极性的减少在一定程度上影响了碳交易市场的有效运行。

1.3.4　我国碳交易市场的政策建议

加快建立碳期货交易市场，有望进一步与国际碳交易市场接轨。建立碳交易期货市场，一方面有利于投资者对交易价格的预判，从而提高交易市场活力；另一方面能够促进我国形成独立自主的碳交易价格机制，争取碳交易定价权，增强国际竞争能力，成为国际碳交易价格的创造者和领先者。

加快发展碳金融产品，提高相关人员专业技能。碳交易市场作为金融市场的一部分，能够渗透到其他领域，促进我国产业升级，引导绿色经济的发展方向，增强我国企业的国际竞争力。此外，当前我国碳金融专业人才缺口大，增强相关专业技能培训，提高碳金融专业人员能力，有助于提高碳交易的效率。

努力提高企业参与碳交易的积极性。一方面，可以通过确定每个企业的碳配额约束和惩罚标准强制企业参与碳交易；另一方面，可以鼓励重点碳排放企业作为领头羊参与碳交易市场，形成市场竞争优势，随着碳市场价格提高，履约期严格执行，从而激发企业的积极性。

2

数字技术与能效

2.1　数字技术发展现状分析

数字技术作为先进技术的重要组成部分，是推动经济社会发展的重要因素。当今，数字技术已广泛应用于社会各个行业及领域，为提高服务效率、提升服务质量提供了关键支撑。更重要的是，数字技术作为基础技术的一部分，与不同领域的有机融合可进一步催生新模式、新业态。能源行业中数字技术的灵活应用，不仅在极大程度上丰富了业务类型，更在提升能源效率、降低能耗强度方面起到了极其关键的作用。

与设备升级、产业结构调整等手段不同，数字技术本身并不能直接提升能效，甚至随着技术的不断进步，数字技术的能耗水平反而可能呈上升趋势。如5G 基站单体耗电量是 4G 基站的 3 倍左右，但由于 5G 基站覆盖范围更小，若要与 4G 达到相同的覆盖范围，则 5G 基站总体耗电量将达到 4G 基站的 10 倍左右。

数字技术对于能效的提升，主要通过对用户、设备及系统的用能行为和用能决策进行优化，并进行高精度的实时控制来实现。按照功能进行分类，在能源领域中起到重要作用的数字技术可具体分为数据采集、数据传输及数据挖掘三种类型。其中，数据采集技术主要是指将用户的生活习惯及设备用能行为等转化为数字信息的技术，具体包括针对设备层面的高精度传感器，以及如手机App 等针对用户的人机交互终端；数据传输技术的主要功能是将数据在用户与数据处理端间进行快速、准确地双向传输，主要包括光纤等有线技术以及 5G 等无线技术；数据挖掘技术是指通过高速率运算对用户特征及用户潜在需求进行有效分析，并准确提供最优服务方案的相关技术，主要包括大数据、云计算、人工智能等。区块链等数字技术虽然可以在能源交易安全等领域起到关键的作用，但与提升能效的关联度较小，故不在此进行详细分析。下面针对大数据、云计算、人工智能及 5G 等若干新兴数字技术进行系统介绍。

2.1.1 大数据技术

2012 年，奥巴马政府公开发布了《大数据研究和发展倡议》，大数据成为各行各业讨论的时代主题。2017 年开始，大数据技术逐渐走向成熟，计算机视觉、语音识别、自然语言理解等技术的进步消除了数据采集的障碍，政府和各行业开始逐渐推动数据标准化进程，以数据共享、数据联动、数据分析为基本形式的数字经济和数据产业蓬勃兴起。

从技术维度来看，大数据技术逐渐在复杂环境数据采集、分布式存储、索引查询、数据挖掘、数据清洗、异构数据集成、数据可视化，以及数据平台系统与应用等方面相继取得突破性进展；**从产业维度来看**，大数据创新创业如火如荼，个性化服务和智能化决策产品层出不穷，技术和商业生态已见雏形。

2.1.2 云计算技术

2005 年，IBM、Intel 等公司与美国高校发起了云计算虚拟实验室项目，开始对云计算技术进行深入研究。2007 年，IBM 联合 Google 发起云计算浪潮，被称为挑战传统计算模式的新型网络计算模式，该模式很快得到广泛认同，世界各国对云计算相继投入了大量精力，试图抢占技术发展变革的最前沿。

从技术维度来看，以编程模型、数据治理、数据存储、虚拟化技术、云计算平台治理为代表的关键技术迅速发展，为实现终端数据高速运算提供了有力支撑；**从产业维度来看**，云计算技术从支持硬件资源、软件平台和托管应用程序出发，如今已逐渐发展出基础设施即服务、平台即服务和软件即服务等多种服务模式，产业生态及商业模式逐渐完善。

2.1.3 人工智能技术

人工智能技术诞生相对较早，但由于对计算机性能要求较高，相当一段时间内发展相对缓慢。1980 年开始，理论研究和计算机软、硬件的迅速发展，使得快速机器运算成为可能，从而推动基于高速运算的人工智能技术快速发展，以美国、英国为代表的发达国家开始对人工智能重新研究并投入大量资金，随后各种 AI 实用系统逐渐实现商业化并投入到市场当中。

从技术维度来看，人工智能技术在机器学习、结构化语义知识库、自然语言处理、人机交互、计算机视觉、生物特征识别、虚拟现实及增强现实等方面均有较快发展；**从产业维度看**，人工智能已实现同互联网、媒体等行业的深度融合，并逐渐在能源、交通等实体领域发挥作用，未来产业潜力巨大。

2.1.4　5G 技术

第 5 代移动通信（5G）技术最早由欧盟在 2013 年 2 月提出，同年 5 月，韩国三星公司向外界宣布已经成功研究与开发出 5G 的核心技术，5G 技术正式进入快速发展时期。我国在 2017 年 11 月正式加入 5G 技术研发的队伍中，并于 2019 年 6 月向中国移动、中国电信、中国联通三大运营商颁发 5G 商用牌照。

从技术角度来看，5G 相关底层技术支撑体系及标准体系逐渐完善，切片技术、边缘计算等核心技术也趋于成熟，同时我国在 5G 设备制造领域通过多年积累，当前处于国际领先地位；**从产业角度来看**，5G 当前主要仍运用于通信领域，其与物联网等技术的结合仍处于研发阶段，未来随着不同技术间逐步实现协同发展，以及市场规模的不断扩大，5G 在各个领域均有广阔的运用空间。

2.2　数字技术在能效提升方面的典型应用场景

数字技术在能源领域的具体运用具有明显的场景特征，需要根据不同场景的特征选用差异化的应用方案。鉴于篇幅限制，本专题重点选择综合能源系统、智能电网及智能家居三大典型场景来阐述数字技术在能效提升中的具体作用。

2.2.1　综合能源系统

综合能源系统中电、气、冷、热等多个能源子系统之间耦合互补，能源生产、转换、传输、储存和利用等环节有机协同，是能源互联网的主要物理载体。通过综合能源系统及基于该系统的综合能源服务，用户能源资源配置可最大程度被优化，能源效率迅速提升。数字技术作为基础技术，可为综合能源系统不断赋能，加强其提高能效的能力及潜力，在此选取促进多能互联互通及优化系统规划方案设计两项关键应用进行说明。

（一）促进多能互联互通

综合能源系统可通过耦合不同能源子系统来扩大能源优化配置的范围，再根据用户需求、市场价格及能源自身特性等因素，提供最优用能方案。

除 P2X 等物理层面的能源互联技术外，系统需要通过各类高精度传感装置对终端设备运行状态进行监测，并通过先进信息通信技术将其获取的数据传输至综合能源平台，平台根据用户用能要求、能源可利用情况、市场价格等因素制定基于成本、能效、能耗总量的多目标优化方案，并将相关指令传回至终端设备，由终端设备完成多能协同指令的具体执行。

其中，综合能源平台在多能互联互通过程中处于核心位置，机器学习、云平台和大数据等数字技术可推动综合能源平台有效整合各类动态数据及状态信息，并对数据进行深入挖掘，同时还可与其他平台进行数据对接，最终形成广泛连接、实时监测、智能运行的综合运维模式。

（二）优化系统规划方案设计

综合能源系统规划不仅是一个多目标优化问题，同时还涉及各类能源之间的复杂耦合和转换关系。在进行规划方案优选时，综合能源系统还需考虑区域经济性、系统安全性、发展可持续性和环境友好性等诸多因素，其中很多因素因涉及社会、经济、政策、人文约束而难以量化。

不确定程度高、量化难度大的因素在极大程度上增加了系统设计的复杂

147

性，非线性优化问题及优化目标间的相互耦合使得解析分析的难度迅速上升。但神经网络、遗传算法、粒子群算法等先进人工智能技术可通过数值分析方法，在考虑多系统参数和多优化目标的情况下大幅提升系统优化速度和精度，同时随着数字技术的不断升级，如强化学习等方法可使系统具备自学习特征，进而自动完善自身方案。

2.2.2　智能电网

在新一代能源革命中，大规模利用清洁可再生能源成为发展趋势，智能电网作为大范围能源优化配置的核心平台，是实现能源转型的关键。其中，数字技术可有效提升电网运行智能化水平，进一步提高电网在调度等方面的运行效率，并减少线损等系统损耗。数字技术在智能电网中的具体运用十分广泛，基本涵盖智能电网中的全业务流程，在此重点选取促进电网高效智能化运行及推动大规模需求响应两大典型应用进行详细说明。

（一）促进电网高效智能化运行

在配电网层面，随着配电自动化、分布式能源系统、综合能源服务等新技术、新业态的不断发展，配电网信息不仅数据量快速增加，且不同采集点的采样尺度也可能存在偏差。对于电网而言，不仅需要提升信息处理速度，同时还需要对不同尺度的信息进行统一化处理，都对数据运算能力提出了新的要求。借助云计算、边缘计算等技术，配电网可有效拓展数据运算能力，进而实现对大量配电网数据的集中处理，同时还可支撑运检部门降低设备损耗提升使用寿命，以及将数据进行标签化处理，为以后进行配网规划提供数据支撑。

在调度层面，动态监测技术为电网调度不断赋能，实现在极短时间范围内对同一时段的数据进行测量与补充记录，并保证数据获取的高效性和准确性，进而为开展故障数据分析、调频控制等提供更加可靠的技术支持。同时，调度平台还可借助大数据技术对监测数据进行深入分析，进而挖掘故障相关特征，以此为依据对潜在问题采取有效的预警措施，维持智能电网运行的效率和稳定性。此外，调度系统还可采用基于大数据及人工智能的大电网智能调控系统，在传统电网智能调度的基础上，将大数据和人工智能技术深度融合到电网调度的潮流计算、电厂出力分配等场景中，提升大电网智能调控系统的分析能力。

（二）推动大规模需求响应

需求侧资源的有效聚合和充分利用可进一步优化负荷曲线，提升包括发电侧在内的电力系统整体运行效率，提高一次能源利用效率。然而需求侧资源有着分布性强、不确定性高的特点，高维度、多样化的需求侧用户数据使得针对不同用户响应行为的识别与预测十分困难。深度学习对于高维度的数据有着强大的处理能力，当大量用户用能数据及电力市场博弈决策数据接入电力系统后，系统可通过深度学习的方法对需求响应平台进行训练，形成精度较高的预测模型，从而能够尽可能精确地拟合用户的响应行为，将不同类型的用户进行有效区分，实现需求侧资源分类高效聚合。

2.2.3 智能家居

在智能家居场景中，数字技术可通过提升交互终端的语音识别及图像识别精度准确识别用户具体用能需求，同时通过对冷、热、电、气等不同用能设备的使用时间和功率等数据的分析，在服务人民美好用能需求的前提下提供更高能效的设备运行解决方案。

对于用能及用户分析而言，随着互联网技术的不断发展，以及数据壁垒逐渐被打破，系统可通过对海量家庭数据的整合形成完备性强的数据库，在此基础上通过各类先进算法不断丰富用户画像，提升系统对用户行为、市场行为的预测精准度，进而向用户提供个性化、定制化的用能方案。

对于家庭能效评价而言，可针对家庭的设备运行效率数据进行收集，然后再对其效率进行全面分析，并对节能收益和社会效益进行评价，同时通过大范围横向比较及可视化展示方案提升用户节能意识。

2.3　能效提升领域应用数字技术的相关建议

数字技术与能源领域的深度融合为能效的进一步提升提供了强有力的支撑，为更好地发挥数字技术的关键作用，本专题从以下四个方面分别提出建议。

(1) 构建完善、系统的高质量标准体系。

随着能源革命的推进，能源产品、模式、业态不断丰富，逐步呈现出多样化、差异化的特征。与此同时，随着各类系统间耦合程度不断加深，数据在不同系统间实现共享共用成为核心趋势，对数据格式及相互间的接口实行标准化尤为重要。

因此，需要由政府牵头、各行业协会及企业代表制定高质量的标准体系，提升不同系统及产品间的兼容性，推动数据在各系统内及跨行业、跨领域的高效共享，充分挖掘数字技术的价值。

(2) 全力攻克关键领域"卡脖子"技术。

数字技术行业跨度大，对产业链完善程度要求较高，我国在 5G 芯片设计、基站设计、数据中台设计等领域处于国际领先，但高端芯片制造、仿真软件等部分关键技术仍处于起步阶段，尚未实现突破，存在技术瓶颈，随着国际政治局势的不断变化，当前我国需不断掌握核心技术主动权。

因此，我国需进一步明确技术重点，由政府出台关键技术研发的支撑政策，为技术研发提供必要的启动资金和科研经费，同时需由高校、科研机构及企业组建核心攻关团队，针对关键技术进行攻关，此外还需进一步完善产学研一体化机制及科技成果产权保护机制，推动产品快速落地，通过市场手段充分激发社会各界的参与积极性。

(3) 创新商业模式。

数字技术与各行业的深入融合不断催生新模式、新业态，在能源领域中，能源大数据中心、全域需求响应等新型业务逐渐开始发挥重要作用。除必要的技术支撑外，商业模式的不断创新对于推动整体产业健康发展起到至关重要的作用。未来可针对数字技术在能源领域中的不同应用积极创新可推广、可复制的商业模式。

例如信息传输技术中，可根据采样频率、传输速度、安全性等不同的要求，提供包含5G等多类技术在内的一体式解决方案，并提供基于流量、切片或设备连接数的不同收费策略。此外，针对能源大数据领域，不仅可提供云计算、边缘计算外包服务，同时还可以在获得用户允许的情况下实现能源数据与其他用户生活数据的融合，进一步拓宽数据维度，服务电商等其他行业，通过数字产业化提供新的盈利点。

（4）建立复合型人才培育体系。

当前我国能源领域与数字技术领域在技术及知识层面存在一定的行业壁垒，高校及科研机构的研究领域也相对独立，现有人才培养体系较难直接对数字技术在能源领域的融合发展提供有效支撑。

因此，可在高等教育、企业员工培养等人才培育体系中通过设置跨学科、跨专业的课程体系，以及加强与能源和相关企业的合作，有效提升人才素质，切实满足未来发展需求。

3

城市能效评价指标体系

3.1 国外城市能效评价典型经验

3.1.1 英国能效评价指标体系

英国为系统地评价全国范围内的能源效率，官方提出了一套较为完整的指标体系，包括宏观指标和部门指标两大类型，共计 12 个具体指标。但目前尚未提出针对城市的综合指标，只是针对各指标分别进行评价，具体见表 3-3-1。

表 3-3-1　　　　　　　　　　英国能效评价指标体系

指 标 类 别		指 标 名 称
宏观指标		(1) 终端能源消费总量； (2) 一次能源消费总量； (3) 单位 GDP 终端能耗； (4) 人均能源消耗
部门指标	居民领域	(1) 家庭平均能源消费量； (2) 家庭服务需求量； (3) 家庭单位服务能耗； (4) 家庭 SAP 评分
	工商领域	(1) 非居民建筑能耗等级； (2) 工业能耗强度； (3) 服务业能耗强度
	交通领域	车辆效率

3.1.2 日本能效评价指标体系

日本并无系统的能源效率评价指标体系，但基于其"基本能源计划"、《能源白皮书》、"能效领跑者计划"等能源规划或提高能源效率的政策措施等方面，可梳理其能源评价指标体系见表 3-3-2。

表 3-3-2 日本能效评价指标体系

指 标 类 别	指 标 名 称
宏观指标	(1) 能源消费量； (2) 能源消费结构； (3) 单位 GDP 能耗； (4) 人均能耗； (5) 可再生能源发电比例
微观指标 （能效领跑者标准系统）	(1) 产品范围和类型； (2) 目标年限； (3) 领跑者能效标准值； (4) 测量/测定方法； (5) 达成率判定方法； (6) 标识

3.1.3 德国能效评价指标体系

德国在建筑节能方面走在世界前列，在建筑节能领域已建立了比较完备的法规制度、政策、标准和技术体系，其低能耗建筑能效指标体系比较成熟且经过充分的实践应用。该指标体系不再将单个的建筑构件视为评判能效的关键标准，而是将建筑物看作一个完整的系统进行计算和评估，并且建筑物能耗不再仅限于年采暖热需求，而是扩大到采暖、制冷、照明、通风、热水制备及相关辅助能源。

德国的低能耗建筑包括 RAL 认证体系下的低能耗建筑、被动房、高能效建筑及节能房屋等。其中，被动房是由德国被动房研究所提出的超低能耗建筑形式，指标体系较为完整，具体见表 3-3-3。

表 3-3-3 德国被动房的指标体系

类别	指 标 名 称	指标要求
气密性	N_{50}	≤0.6

类别	指 标 名 称	指标要求
能耗指标	总一次能源 （含采暖、制冷、新风、生活热水、家用电器）	≤120kW·h/（m²·a）
	采暖一次能源	≤40kW·h/（m²·a）
	采暖需求	≤15kW·h/（m²·a）
	采暖负荷	≤10W/m²
	制冷需求	≤15kW·h/（m²·a）
室内环境指标	室内温度	20～26℃
	超温频率	≤10%
	室内二氧化碳浓度	≤0.1%

德国被动房由 PHPP 工具包进行模拟计算和认证，包括建筑维护结构构件 U 值计算、能源平衡计算、通风系统设计、供热负荷计算等，该软件包括了许多欧洲国家的气象数据，从而使其更具国际化兼容性。

3.1.4　欧盟能效评价指标体系

欧盟能效评价指标体系旨在比较分析欧盟成员国之间的能效水平及其变化趋势，评价维度主要涵盖四个经济部门，即居民、服务业、工业、交通，具体见表 3-3-4。

表 3-3-4　　　　　欧盟综合能效指标评价体系

部 门	具 体 指 标
居 民	每户住宅的平均能源消耗量
	居民取暖能耗上的差异
	气候调整后，每户住宅的平均能源消耗量
	家庭能源效率
	气候调整后，每户住宅的能源消耗量变化

部　门	具　体　指　标
服务业	单位总附加值能耗
	员工平均能耗
	不同部门的能耗
	单位总附加值能耗和员工平均能耗的变化
工业	单位总附加值能耗
	制造业单位总附加值能耗
	按照欧盟工业活动结构标准化后的单位总附加值能耗
	不同部门的能耗
	单位总附加值能耗的变化
交通	每辆等效汽车的平均能耗
	汽车每单位行驶距离的平均能耗
	新车每单位行驶距离的平均能耗
	每辆等效汽车的平均能耗变化
	公共交通在总陆地交通中的占比

3.2　我国城市及部分领域能效评价指标体系

3.2.1　区域级能效指标评价体系

随着我国经济由高速发展转向高质量发展，节能环保特别是对于能源消耗总量和强度的"双控"，已成为地方政府的重要考核指标，行政区域级的综合能效评价指标体系主要涵盖物理效率、经济效率、生态效率、安全性等四个维度，相应的总体指标直接计算区域能效总体水平，支撑性指标主要反映区域能效的影响因素、企业生产能效水平等细化指标。区域级能效指标评价体系有利于找到区域内能效工作的优势点及薄弱点，具体见表3-3-5。

表 3 - 3 - 5　　　　　　　　区域级综合能效指标评价体系框架

评价维度	总体指标	支撑性指标
物理效率	能源转化效率	发电厂单位供电煤耗 供热煤耗 线损率 供热管网输送效率 钢可比能耗 电解铝电耗 水泥综合能耗 乙烯综合能耗 合成氨综合能耗 纸和纸板综合能耗 公共建筑单位面积能耗
经济效率	单位 GDP 能源成本 能源消费弹性系数 单位 GDP 能耗	单位燃气价格 成品油价格 煤炭价格 用电价格 上网电价 万元工业增加值能耗 六大高耗能产业能耗占比 第三产业对 GDP 的贡献率
生态效率	单位 GDP 的 CO_2 的排放量 单位 GDP 的主要污染物排放量	煤炭占一次能源比例 可再生能源占一次能源比例 新能源汽车销量占比 电能在终端能源消费中的占比
安全性	能源供应可靠性	用户平均停电时间 用户平均停电频率 能源自给率 商业库存量 能源输入通道数

3.2.2　建筑能效评价指标体系

　　建筑能效评价指标体系分为建筑基本能效评估和附加的建筑可再生能源应用评估两大方面。其中，基本能效评估体系可分为建筑整体设计、建筑围护结构、建筑采暖通风与空气调节、建筑电气照明、建筑给水排水、室内环境质量六个子系统；附加的建筑可再生能源应用评估，意在鼓励建筑更多地使用可再生能源，减少对传统能源的消耗，具体见表3-3-6。

表3-3-6 建筑能效评价指标体系

一 级 指 标	二 级 指 标	三 级 指 标
基本能效评估体系	建筑整体设计	建筑体形系数
		建筑透光情况
		建筑通风情况
	建筑围护结构	建筑幕墙气密性
		围护结构的热工性能
	建筑采暖通风与空气调节	冷热源机组
		输配系统
		风道系统单位风量
	建筑电气照明	供配电系统
		照明
		电梯
	建筑给水排水	给水泵
		生活热水供应
		给水排水系统设计
	室内环境质量	室内声环境
		室内光环境
附加能效评估体系	太阳能应用的保证率	—
	地源热泵应用的保证率	—

3.2.3 数据中心能效评价指标体系

数据中心能效评价指标体系将对数据中心能耗产生影响的因素进行合理分类，形成可以作为评估的细化标准，进而对数据中心能效进行科学的综合评价。该体系可以具体分成电能效率、节能技术应用程度及能效管理机制规范化程度等三大方面，具体见表3-3-7。

表 3 - 3 - 7　　　　　　　　　　数据中心能效评价指标体系

一　级　指　标	二　级　指　标	三　级　指　标
电能效率	整体电能效率	—
	局部电能效率	—
	基础设施电能效率	制冷负载系数
		供电负载系数
节能技术应用程度	IT 设施节能	服务器虚拟化
		资源调度节能设备
		智能节能
	技术应用程度	—
	制冷系统节能技术应用程度	—
	供电系统节能技术应用程度	—
能效管理机制规范化程度	组织架构	—
	管理制度	—
	智能管理工具应用程度	—

3.3　国内外城市能效评价体系对比

3.3.1　政策方面

对于以欧盟为代表的国外发达国家或地区，其能效标识和能效标准制度实行比较早，同时将大力推行能效标识和标准制度作为提高能效的主要政策工具之一，特别是在标识方面，指令和具体规定非常详细，并且仍在不断完善相关指令和标识。其能效评价指标体系设计从评价目标出发，重点围绕评价目标和所关注的能源问题，根据评价对象（国家、省、城市、区域等）确定评价维度，再细化影响因素，逐层设计可量化、可计算的分层指标。

与其他发达国家相比，我国能效评价仍存在一定差距，除在能源电力的整体发展上存在差距外，在市场机制、合作机制等方面也有待进一步健全。具体来讲，我国需要在以下两个方面进行改进提升：一方面，需要还原能源的商品属性，形成有效竞争的市场机制，打破电、气、冷、热等不同能源品种间的行业壁垒，实现由市场决定能源价格，由需求决定运行方式，使能效市场的效能得以真正发挥；另一方面，消除跨界合作壁垒，实现政府、能源企业、互联网企业、用户等之间的深度合作，改变能效市场发展过程中因利益诉求冲突造成的多方博弈格局，构建共商、共建、共赢的能效市场发展生态，实现技术互补、资金互补、风险分担，有效提升资源利用效率和项目运作效率，降低交易成本。

3.3.2　技术方面

欧盟已经有了很成熟的一套能效提升基金体系来支持能效提升项目，还通过与世界银行的合作项目等形式为能效技术的研发提供充足资金支持。同时，欧盟通过政策引导，设立专门能效研究机构，研发能效提升新技术。

我国在传统能源电力技术领域的发展水平与德、美、日三国基本持平，部分领域已实现了超越；在新兴技术领域，如多能高效转换等，各国基本处于同一起跑线，我国发展劲头巨大；从信息物理融合和信息安全角度来看，我国相关领域的技术储备与国际先进水平仍存在差距，同时"大云物移智链"等新兴技术在能源系统中的规模化应用攻关难度大，从融合技术突破到成熟应用需要经历一个相对较长周期。

3.3.3　评价标准方面

国外发达国家在能效评价标准方面起步较早，部分发达国家已经具备较为成熟的能效评价指标体系，并已在实践中积累了丰富的经验，相应的指标根据实践发展情况，不断迭代更新。

　　我国在能效管理方面目前尚缺乏系统科学的评价体系，能效提升方式偏向管理，需要进一步挖掘能效提升潜力。需要针对城市整体能效水平以及工业、建筑、交通等重要领域的能效评价指标体系加紧研究和实践，制定完备且可操作性强的能效评价标准，进而促进能效持续提升。

附录1　能源、电力数据

附表 1 - 1　　　　　　　　　中国能源与经济主要指标

类　别		2010 年	2015 年	2016 年	2017 年	2018 年	2019 年
人口（万人）		134 091	137 462	138 271	139 008	139 538	140 005
城镇人口比重（%）		49.9	56.1	57.3	58.5	59.6	60.6
GDP 增长率（%）		10.6	6.9	6.7	6.8	6.6	6.1
GDP（亿元）		412 119	685 993	740 061	820 754	900 309	990 865
经济结构（%）	第一产业	9.3	8.4	8.1	7.6	7.2	7.1
	第二产业	46.5	41.1	40.1	40.5	40.6	39.0
	第三产业	44.2	50.5	51.8	51.9	52.2	53.9
人均 GDP（美元）		4551.0	8032.2	8081.5	8768.2	9768.8	10 276.4
一次能源消费量（Mtce）		3606.5	4299.1	4358.2	4490.0	4640.0	4870.0
原油进口依存度（%）		54.5	59.8	64.4	67.4	69.8	70.8
城镇居民人均可支配收入（元）		19 109	31 195	33 616	36 396	39 251	42 359
农村居民家庭人均纯收入（元）		5919	11 422	12 363	13 432	14 617	16 021
民用汽车拥有量（万辆）		7801.8	16 284.5	18 574.5	20 906.70	23 231.2	26 150
其中：私人汽车		5938.71	14 099.1	16 330.2	18 515.1	20 574.9	22 635
人均能耗（kgce）		2429	3135	3153	3219	3306	3471
居民家庭人均生活用电（kW·h）		383	552	610	629	695	732
发电量（TW·h）		4227.8	5740.0	6022.8	6495.1	7111.8	7325.3
粗钢产量（Mt）		637.2	803.8	807.6	870.7	928.0	996.3
水泥产量（Mt）		1881.9	2359.2	2410.3	2330.8	2207.8	2330.4
货物出口总额（亿美元）		15 777.5	22 734.7	20 976.3	22 633.7	24 874.0	24 982.5

类　别	2010 年	2015 年	2016 年	2017 年	2018 年	2019 年
货物进口总额（亿美元）	13 962.5	16 795.6	15 879.3	18 437.9	21 356.4	20 752.6
人民币兑美元汇率	6.769 5	6.228 4	6.642 3	6.751 8	6.617 41	6.898 5

数据来源：国家统计局；国民经济和社会发展统计公报；海关总署；中国电力企业联合会；环境保护部；能源数据分析手册。

注　GDP 按当年价格计算，增长率按可比价格计算。

附表 1-2　　　　中国城乡居民生活水平和能源消费

类　别		2010 年	2015 年	2016 年	2017 年	2018 年	2019 年
人均 GDP（美元）		4551	8032	8082	8768	9769	10 276
城镇居民人均可支配收入（元）		19 109	31 195	33 616	36 396	39 251	42 359
农村居民家庭人均纯收入（元）		5919	11 422	12 363	13 432	14 617	16 021
房间空调器（台）	城镇	112.1	114.6	123.7	128.6	142.2	148.3
	农村	16.0	38.8	47.6	52.6	65.2	71.3
电冰箱（柜）（台）	城镇	96.6	94.0	96.4	98.0	100.9	102.5
	农村	45.2	82.6	89.5	91.7	95.9	98.6
彩色电视机（台）	城镇	137.4	122.3	122.3	123.8	121.3	122.8
	农村	111.8	116.9	118.8	120.0	116.6	117.6
家用计算机（台）	城镇	71.2	78.5	80.0	80.8	73.1	72.2
	农村	10.4	25.7	27.9	29.2	26.9	27.5
家用汽车（辆）	城镇	13.1	30.0	35.5	37.5	41	43.2
人均耗能（kgce）		2429	3135	3153	3219	3306	3471
人均生活用电（kW·h）		383	552	610	629	695	732

数据来源：国家统计局；中国电力企业联合会。

附表 1-3　　　　中国能源和电力消费弹性系数

年份	能源消费比上年增长（%）	电力消费比上年增长（%）	国内生产总值比上年增长（%）	能源消费弹性系数	电力消费弹性系数
1990	1.8	6.2	3.9	0.46	1.59
1991	5.1	9.2	9.3	0.55	0.99
1992	5.2	11.5	14.2	0.37	0.81

续表

年份	能源消费比上年增长（%）	电力消费比上年增长（%）	国内生产总值比上年增长（%）	能源消费弹性系数	电力消费弹性系数
1993	6.3	11.0	13.9	0.45	0.79
1994	5.8	9.9	13.0	0.45	0.76
1995	6.9	8.2	11.0	0.63	0.75
1996	3.1	7.4	9.9	0.31	0.75
1997	0.5	4.8	9.2	0.05	0.52
1998	0.2	2.8	7.8	0.03	0.36
1999	3.2	6.1	7.7	0.42	0.79
2000	4.5	9.5	8.5	0.53	1.12
2001	5.8	9.3	8.3	0.70	1.12
2002	9.0	11.8	9.1	0.99	1.30
2003	16.2	15.6	10.0	1.62	1.56
2004	16.8	15.4	10.1	1.66	1.52
2005	13.5	13.5	11.4	1.18	1.18
2006	9.6	14.6	12.7	0.76	1.15
2007	8.7	14.4	14.2	0.61	1.01
2008	2.9	5.6	9.7	0.30	0.58
2009	4.8	7.2	9.4	0.51	0.77
2010	7.3	13.2	10.6	0.69	1.25
2011	7.3	12.1	9.6	0.76	1.26
2012	3.9	5.9	7.9	0.49	0.75
2013	3.7	8.9	7.8	0.47	1.14
2014	2.7	6.7	7.4	0.36	0.91
2015	1.3	0.3	7.0	0.19	0.04
2016	1.7	5.5	6.8	0.25	0.81
2017	3.2	7.7	6.9	0.46	1.12

续表

年份	能源消费比上年增长（％）	电力消费比上年增长（％）	国内生产总值比上年增长（％）	能源消费弹性系数	电力消费弹性系数
2018	3.5	8.5	6.7	0.52	1.27
2019	3.3	4.4	6.1	0.54	0.72

数据来源：国家统计局。

附表 1 - 4　　　　　　中国一次能源消费量及结构

年份	能源消费总量（万 tce）	构成（能源消费总量＝100）			
		煤炭	石油	天然气	水电、核电、风电
1978	57 144	70.7	22.7	3.2	3.4
1980	60 275	72.2	20.7	3.1	4.0
1985	76 682	75.8	17.1	2.2	4.9
1990	98 703	76.2	16.6	2.1	5.1
1991	103 783	76.1	17.1	2.0	4.8
1992	109 170	75.7	17.5	1.9	4.9
1993	115 993	74.7	18.2	1.9	5.2
1994	122 737	75.0	17.4	1.9	5.7
1995	131 176	74.6	17.5	1.8	6.1
1996	135 192	73.5	18.7	1.8	6.0
1997	135 909	71.4	20.4	1.8	6.4
1998	136 184	70.9	20.8	1.8	6.5
1999	140 569	70.6	21.5	2.0	5.9
2000	146 964	68.5	22.0	2.2	7.3
2001	155 547	68.0	21.2	2.4	8.4
2002	169 577	68.5	21.0	2.3	8.2
2003	197 083	70.2	20.1	2.3	7.4
2004	230 281	70.2	19.9	2.3	7.6
2005	261 369	72.4	17.8	2.4	7.4
2006	286 467	72.4	17.5	2.7	7.4

续表

年份	能源消费总量 （万 tce）	构成（能源消费总量＝100）			
		煤炭	石油	天然气	水电、核电、风电
2007	311 442	72.5	17.0	3.0	7.5
2008	320 611	71.5	16.7	3.4	8.4
2009	336 126	71.6	16.4	3.5	8.5
2010	360 648	69.2	17.4	4.0	9.4
2011	387 043	70.2	16.8	4.6	8.4
2012	402 138	68.5	17.0	4.8	9.7
2013	416 913	67.4	17.1	5.3	10.2
2014	428 334	65.8	17.3	5.6	11.3
2015	434 113	63.8	18.4	5.8	12.0
2016	441 492	62.2	18.7	6.1	13.0
2017	455 827	60.6	18.9	6.9	13.6
2018	471 925	59.0	18.9	7.6	14.5
2019	487 000	57.7	18.9	8.1	15.3

数据来源：国家统计局。

附表 1-5 中国分品种能源产量

年份	能源生产总量 （万 tce）	占能源生产总量的比重（%）			
		原煤	原油	天然气	一次电力及其他能源
1990	103 922	74.2	19.0	2.0	4.8
1991	104 844	74.1	19.2	2.0	4.7
1992	107 256	74.3	18.9	2.0	4.8
1993	111 059	74.0	18.7	2.0	5.3
1994	118 729	74.6	17.6	1.9	5.9
1995	129 034	75.3	16.6	1.9	6.2
1996	133 032	75.0	16.9	2.0	6.1
1997	133 460	74.3	17.2	2.1	6.5
1998	129 834	73.3	17.7	2.2	6.8
1999	131 935	73.9	17.3	2.5	6.3
2000	138 570	72.9	16.8	2.6	7.7
2001	147 425	72.6	15.9	2.7	8.8

年份	能源生产总量 （万 tce）	占能源生产总量的比重（%）			
		原煤	原油	天然气	一次电力及其他能源
2002	156 277	73.1	15.3	2.8	8.8
2003	178 299	75.7	13.6	2.6	8.1
2004	206 108	76.7	12.2	2.7	8.4
2005	229 037	77.4	11.3	2.9	8.4
2006	244 763	77.5	10.8	3.2	8.5
2007	264 173	77.8	10.1	3.5	8.6
2008	277 419	76.8	9.8	3.9	9.5
2009	286 092	76.8	9.4	4.0	9.8
2010	312 125	76.2	9.3	4.1	10.4
2011	340 178	77.8	8.5	4.1	9.6
2012	351 041	76.2	8.5	4.1	11.2
2013	358 784	75.4	8.4	4.4	11.8
2014	362 212	73.5	8.3	4.7	13.5
2015	362 193	72.2	8.5	4.8	14.5
2016	345 954	69.8	8.3	5.2	16.7
2017	358 867	69.6	7.6	5.4	17.4
2018	378 859	69.2	7.2	5.4	18.2
2019	397 000	68.6	6.9	5.7	18.8

数据来源：国家统计局。

附表1-6　　　　　　　中国能源进出口

类　别		2010 年	2015 年	2016 年	2017 年	2018 年	2019 年
原油 （Mt）	出口	3.04	2.8	2.7	3.8	2.7	0.4
	进口	239.31	335.8	382.6	422.1	464.5	507.2
天然气 （亿 m³）	出口	40.3	—	—	—	—	1
	进口	164	594	735	928	1213	1325
煤炭 （EJ）	出口	0.59	0.45	0.51	0.42	0.42	0.34
	进口	4.45	4.69	5.65	5.87	6.13	6.40

数据来源：能源数据分析手册；BP Statistical Review of World Energy, June 2020。

附表 1 - 7 　　　　　世界一次能源消费量及结构（2019 年）

国家 (地区)	一次能源消费量 (EJ)	消费结构（%）					
		石油	天然气	煤	核能	水能	非水可再生能源
中国	141.7	33.4	30.2	27.8	—	2.0	6.6
美国	94.7	39.1	32.2	12.0	8.0	2.6	6.2
俄罗斯	29.8	22.0	53.7	12.2	6.3	5.8	0.1
印度	34.1	30.1	6.3	54.7	1.2	4.2	3.5
日本	18.7	40.3	20.8	26.3	3.1	3.5	5.9
加拿大	14.2	31.7	30.5	3.9	6.3	24.0	3.7
德国	13.1	35.6	24.3	17.5	5.1	1.4	16.1
巴西	12.4	38.1	10.4	5.3	1.2	28.7	16.3
韩国	12.4	42.9	16.3	27.8	10.5	0.2	2.3
法国	9.7	32.5	16.2	2.8	36.8	5.4	6.3
伊朗	12.3	31.8	65.2	0.4	0.5	2.1	—
沙特阿拉伯	11.0	62.7	37.1	—	—	—	0.1
英国	7.8	39.6	36.2	3.3	6.4	0.7	13.8
墨西哥	7.7	42.6	42.3	6.6	1.3	2.7	4.5
印度尼西亚	8.9	38.0	17.7	38.2	—	1.7	4.4
意大利	6.4	39.1	40.0	4.7	—	6.3	10.0
西班牙	5.7	47.5	22.7	3.7	9.1	3.9	13.0
土耳其	6.5	31.3	24.0	26.1	—	12.2	6.3
南非	5.4	21.9	2.9	70.6	2.3	0.1	2.1
欧盟	68.8	38.4	24.6	11.2	10.7	4.3	11.0
OECD	233.4	38.4	27.8	13.8	7.6	5.3	7.2
世界	583.9	33.1	24.2	27.0	4.3	6.4	5.0

数据来源：BP Statistical Review of World Energy，2020。

注 1. 非水可再生能源是用于发电的风能、地热、太阳能、生物质和垃圾。

　　2. 水能和非水可再生能源按火电站转换效率 38% 换算热当量。

附表 1-8   世界化石燃料消费量

煤炭 (Mt)					
国家（地区）	2010 年	2015 年	2016 年	2017 年	2018 年	2019 年
中国	1748.9	1914.0	1889.1	1890.4	1906.7	1950.6
美国	498.8	372.2	340.6	331.3	317.0	270.7
印度	290.4	395.3	400.4	415.9	452.2	453.6
日本	115.7	119.3	118.8	119.9	117.5	115.5
俄罗斯	90.5	92.1	89.3	83.9	88.0	88
南非	92.8	85.2	86.9	84.3	86.0	87.2
韩国	77.1	85.4	81.5	86.2	88.2	83.5
德国	77.1	78.7	76.5	71.5	66.4	52.7
波兰	55.1	48.7	49.5	49.8	50.5	46.3
澳大利亚	52.2	46.5	46.5	45.1	44.3	46.6
世界	3610.1	3769.0	3710.0	3718.4	3772.1	3749.5

石油 (Mt)					
国家（地区）	2010 年	2015 年	2016 年	2017 年	2018 年	2019 年
美国	877.5	884.5	893.3	902.0	919.7	841.8
中国	455.5	573.3	587.0	610.7	641.2	650.1
日本	210.5	196.5	191.0	187.8	182.4	173.6
印度	160.6	199.8	219.5	227.1	239.1	242.0
俄罗斯	137.9	149.4	153.1	151.5	152.3	150.8
沙特阿拉伯	141.3	173.5	171.5	168.8	162.6	158.8
巴西	122.8	140.6	132.7	136.1	135.9	109.7
德国	119.5	114.2	116.5	119.0	113.2	106.9
韩国	110.5	120.2	129.3	130.0	128.9	120.0
加拿大	107.1	107.0	108.7	108.8	110.0	102.8
墨西哥	93.3	88.5	89.1	85.8	82.8	74.9
伊朗	85.6	85.6	81.8	84.5	86.2	89.4
法国	87.3	79.2	78.7	79.1	78.9	72.4
英国	79.0	75.3	77.5	78.0	77.0	71.2

续表

石油（Mt）					
国家（地区）	2010 年	2015 年	2016 年	2017 年	2018 年	2019 年
新加坡	60.9	69.5	72.2	74.8	75.8	72.2
西班牙	72.7	62.2	64.5	65.0	66.6	63.7
世界	4201.9	4465.8	4548.3	4607.0	4662.1	4445.2
天然气（亿 m³）					
国家（地区）	2010 年	2015 年	2016 年	2017 年	2018 年	2019 年
美国	6482	7436	7503	6358	7026	8466
俄罗斯	4239	4087	4206	4311	4545	4443
中国	1089	1947	2094	2404	2830	3073
伊朗	1444	1840	1963	2099	2256	2236
日本	999	1187	1164	1170	1157	1081
加拿大	883	1098	1059	1097	1157	1203
沙特阿拉伯	833	992	1053	1093	1121	1136
德国	881	770	849	897	883	887
墨西哥	660	808	830	864	895	907
英国	985	720	812	788	789	788
阿联酋	593	715	727	744	766	760
意大利	791	643	675	716	692	708
世界	31 567	34 665	35 502	36 540	38 489	39 292

数据来源：BP Statistical Review of World Energy，June 2020。

附表 1 - 9　　　　　　世界石油、天然气、煤炭产量

石油（Mt）					
国家（地区）	2010 年	2015 年	2016 年	2017 年	2018 年	2019 年
沙特阿拉伯	463.3	568.0	586.7	559.3	578.3	556.6
俄罗斯	512.3	541.8	555.9	554.3	563.3	568.1
美国	332.8	566.6	541.9	573.9	669.4	746.7
中国	203.0	214.6	199.7	191.5	189.1	191.0

续表

石油（Mt）					
国家（地区）	2010 年	2015 年	2016 年	2017 年	2018 年	2019 年
加拿大	160.3	215.6	218.0	235.4	255.5	274.9
伊朗	212.0	180.2	216.3	235.6	220.4	160.8
阿联酋	135.2	176.1	182.4	176.2	177.7	180.2
科威特	123.3	148.1	152.5	144.8	146.8	144.0
墨西哥	145.6	127.5	121.4	109.5	102.3	94.9
伊拉克	120.8	195.6	217.6	222.2	226.1	234.2
委内瑞拉	145.8	135.4	121.0	107.6	77.3	46.6
尼日利亚	122.1	105.7	91.3	95.5	98.4	101.4
巴西	111.3	132.2	136.2	142.3	140.3	150.8
挪威	98.4	87.5	90.2	88.6	83.1	78.4
世界	3976.9	4354.8	4368.0	4379.9	4474.3	4484.5
OPEC	1709.0	1830.1	1885.8	1873.7	1854.3	1680.0

天然气（亿 m³）					
国家（地区）	2010 年	2015 年	2016 年	2017 年	2018 年	2019 年
美国	4945	6365	6254	6412	7152	9209
俄罗斯	5145	5025	5067	5465	5756	6790
伊朗	1237	1578	1714	1893	2059	2442
卡塔尔	1059	1505	1494	1482	1509	1781
加拿大	1286	1382	1477	1527	1588	1731
中国	830	1167	1186	1283	1389	1776
挪威	915	999	996	1059	1037	1144
沙特阿拉伯	716	853	906	939	964	1136
阿尔及利亚	665	700	786	799	794	862
印度尼西亚	748	655	646	627	629	675
马来西亚	565	635	622	640	623	788
荷兰	647	394	381	332	277	281
土库曼斯坦	345	566	544	505	529	632

续表

天然气（亿 m³）					
国家（地区）	2010 年	2015 年	2016 年	2017 年	2018 年	2019 年
墨西哥	440	412	375	329	321	340
埃及	507	366	346	420	504	649
阿联酋	430	505	519	533	556	625
乌兹别克斯坦	491	461	457	459	487	563
世界	27 094	30 109	30 453	31 623	33 258	39 893

煤炭（Mt）					
国家（地区）	2010 年	2015 年	2016 年	2017 年	2018 年	2019 年
中国	1665.3	1825.6	1691.4	1746.6	1828.8	3846.0
美国	523.7	426.9	348.3	371.3	364.5	639.8
印度	252.4	281.0	283.9	286.6	308.0	756.4
澳大利亚	250.6	305.6	306.7	299.0	301.1	506.7
印度尼西亚	162.1	272.0	268.8	271.8	323.3	610.0
俄罗斯	151.0	186.4	194.0	205.8	220.2	440.4
南非	144.1	142.9	142.4	143.0	143.2	254.3
德国	45.9	42.8	39.6	39.4	37.6	133.9
波兰	55.4	53.0	52.1	49.8	47.5	112.4
哈萨克斯坦	47.5	46.2	44.3	48.3	50.6	115.4
世界	3601.4	3860.9	3660.8	3755.0	3916.8	8129.4

数据来源：BP Statistical Review of World Energy，June 2020。

注 仅统计商用固态燃料，即烟煤和无烟煤（硬煤）、褐煤与次烟煤、其他商用固体燃料，包括煤制油和煤制气过程中所损耗的煤炭。

附表 1 - 10 世 界 发 电 量 TW·h

国家（地区）	2010 年	2015 年	2016 年	2017 年	2018 年	2019 年
中国	4207.2	5814.6	6133.2	6495.1	7111.8	7503.4
美国	4394.3	4348.7	4347.9	4281.8	4460.8	4401.3
日本	1156.0	1030.1	1002.3	1020.0	1051.6	1036.3
印度	937.5	1319.0	1421.5	1497.0	1561.1	1558.7

国家（地区）	2010 年	2015 年	2016 年	2017 年	2018 年	2019 年
俄罗斯	1038.0	1067.5	1091.0	1091.2	1110.8	1118.1
加拿大	606.9	663.7	664.6	693.4	654.4	660.4
德国	633.1	646.9	649.1	654.2	648.7	612.4
巴西	515.8	581.2	578.9	590.9	588.0	625.6
法国	569.3	570.3	556.2	554.1	574.2	555.4
韩国	495.0	547.8	561.0	571.7	594.3	584.7
世界	21 577.7	24 289.5	24 930.2	25 551.3	26 614.8	27 004.7

数据来源：国家统计局；BP Statistical Review of World Energy，June 2020。

附录2 节能减排政策法规

附表 2-1　　　　　　**2019 年国家出台的节能减排相关政策**

文 件 名 称	文号	发布部门	发布时间
关于开展农村住房建设试点工作的通知	建办村〔2019〕11 号	住房和城乡建设部	2 月 2 日
三部门关于加强绿色数据中心建设的指导意见	工信部联节〔2019〕24 号	工业和信息化部 国家机关事务管理局 国家能源局	2 月 12 日
2019 年工业节能监察重点工作计划	工信部节函〔2019〕77 号	工业和信息化部	4 月 3 日
关于构建市场导向的绿色 技术创新体系的指导意见	发改环资〔2019〕689 号	国家发展改革委 科技部	4 月 15 日
关于印发《2019 年能源行业普法工作要点》的通知	国能综通法改〔2019〕39 号	国家能源局	5 月 9 日
关于建立健全可再生能源电力消纳保障机制的通知	发改能源〔2019〕807 号	国家发展改革委 国家能源局	5 月 10 日
关于印发绿色出行行动计划（2019－2022 年）的通知	交运发〔2019〕70 号	交通运输部 中央宣传部 国家发展改革委 工业和信息化部 公安部　财政部 生态环境部 住房城乡建设部 国家市场监督管理总局 国家机关事务管理局 中华全国总工会 中国铁路总公司	5 月 20 日
关于完善风电上网电价政策的通知	发改价格〔2019〕882 号	国家发展改革委	5 月 21 日

续表

文　件　名　称	文号	发布部门	发布时间
关于印发《工业节能诊断服务行动计划》的通知	工信部节函〔2019〕101 号	工业和信息化部	5 月 23 日
关于印发《输配电定价成本监审办法》的通知	发改价格规〔2019〕897 号	国家发展改革委国家能源局	5 月 24 日
关于印发《工业领域电力需求侧管理工作指南》的通知	工信部运行〔2019〕145 号	工业和信息化部	7 月 19 日
关于组织开展 2019 年度重点用能行业能效"领跑者"遴选工作的通知	工信厅联节函〔2019〕235 号	工业和信息化部办公厅市场监督管理总局办公厅	11 月 1 日
关于印发《印染行业绿色发展技术指南（2019 版）》的通知	工信部消费〔2019〕229 号	工业和信息化部	11 月 4 日

附表 2 - 2　　　　2019 年我国颁布的能效标准、能耗限额标准

序号	标准号	标　准　名　称
1	GB 21340—2019	玻璃和铸石单位产品能源消耗限额
2	GB 29446—2019	选煤电力消耗限额
3	GB 38263—2019	水泥制品单位产品能源消耗限额
4	DB36/ 644—2019	水泥单位产品能源消耗限额
5	DB11/T 1150—2019	供暖系统运行能源消耗限额
6	QB/T 5362—2019	玻璃器皿单位产品能源消耗限额
7	DB43/T 1590—2019	数据中心单位能源消耗限额及计算方法
8	DB43/T 1591—2019	锂电池正极材料单位产品能源消耗限额及计算方法
9	GB/T 37390—2019	热轧工序能效评估导则
10	GB/T 37429—2019	电弧炉工序能效评估导则
11	DB33/T 862—2019	固定资产投资项目节能评估导则
12	GB/T 37504—2019	连铸工序能效评估导则
13	GB/T 37389—2019	炉外精炼工序能效评估导则

参 考 文 献

［1］ 国家统计局．中国统计年鉴 2020．北京：中国统计出版社，2020．

［2］ 中国电力企业联合会．2019 年全国电力工业统计快报．

［3］ BP Statistical Review of World Energy 2020，2020．

［4］ International Energy Agency. Energy Efficiency 2018.

［5］ 中国电力企业联合会．中国电力行业年度发展报告 2020．

［6］ 中国电子信息产业发展研究院．2017－2018 年中国工业节能减排发展蓝皮书．北京：
　　 人民出版社，2018．

［7］ 戴彦德，白泉，等．中国 2020 年工业节能情景研究．北京：中国经济出版社，2015．

［8］ 清华大学建筑节能研究中心．中国建筑节能年度发展研究报告 2020．